架空输电线路工程
验收管控手册

国网内蒙古东部电力有限公司　组编

中国电力出版社
CHINA ELECTRIC POWER PRESS

图书在版编目（CIP）数据

架空输电线路工程验收管控手册 / 国网内蒙古东部电力有限公司组编. —北京：中国电力出版社，2024.5

ISBN 978-7-5198-8551-9

Ⅰ.①架… Ⅱ.①国… Ⅲ.①架空线路–输配电线路–工程验收–技术手册 Ⅳ.①TM726.3-62

中国国家版本馆 CIP 数据核字（2024）第 015799 号

出版发行：中国电力出版社

地　　　址：北京市东城区北京站西街 19 号（邮政编码 100005）

网　　　址：http://www.cepp.sgcc.com.cn

责任编辑：雍志娟

责任校对：黄　蓓　王海南

装帧设计：郝晓燕

责任印制：石　雷

印　　　刷：三河市航远印刷有限公司

版　　　次：2024 年 5 月第一版

印　　　次：2024 年 5 月北京第一次印刷

开　　　本：710 毫米×1000 毫米　16 开本

印　　　张：11

字　　　数：166 千字

定　　　价：120.00 元

版 权 专 有　侵 权 必 究

本书如有印装质量问题，我社营销中心负责退换

《架空输电线路工程验收管控手册》

编委会

主　任	钱文晓				
副主任	段　昊	郭　凯	高春辉	史文江	姜广鑫
	王延伟	姜传霏			
委　员	祝永坤	石海鹏	陈　晶	张海龙	张树围
	张欣伟	杨雪城	鲍明正	李　博	周路焱

编写组

主　编	祝永坤				
副主编	史文江	陈　晶	张海龙	张振勇	白　冰
	尚　鑫				
成　员	张　成	勾雪冉	郭剑飞	刘志强	包文杰
	冯振华	李　博	刘　辰	阎金宇	杜冠霖
	李鹏飞	孙晓军	于家旭	毛静宁	李吉楠
	杨栋渊	王　宁	张天歌	王志钰	任致远
	郭　森	贾　亮	乌日嘎	祝鑫坤	徐文剑
	蒋贵超	马　亮	党成斌	宝鲁尔朝格图	

前　言

随着双碳目标的提出，新型电力系统的构建、特高压工程、新能源外送等电网建设项目不断推进，保障输电线路的安全和可靠运行对于保障电力供应的稳定性至关重要。然而，验收工作的复杂性和人员有限的情况往往会导致验收效率低下和管理工作困难等问题。为了实现全过程规范化、标准化管理，提升架空输电线路工程验收管理水平，为架空输电线路建设与后期运行提供可靠保障，总结近年来线路生产准备及验收过程中的经验教训，依据有关规章制度，编写了《架空输电线路工程验收管控手册》。

本手册的编写依据了国家和行业相关标准，结合了多年来电力行业的实践经验，旨在提高验收效率和管理工作质量，为新建输电线路工程验收工作的开展提供一整套切实可行、高质高效的典型经验及文本规范。

本手册共分为四章，包括概述、体系建设、工程验收和验收新技术等内容，旨在为输电线路验收人员、输电线路巡查人员和相关从业人员提供一份可操作的指南。

我们希望通过本手册的学习能够帮助验收人员更好地理解和掌握验收巡查的要点和流程，提升工作效率和专业水平，为实现双碳目标，构建新型电力系统提供助力。

由于编写人员水平有限，书中难免有错误和不足之处，敬请广大读者批评指正。

编　者

2024 年 5 月

目　录

第一章

概　述

第一节 背　　景

一、能源发展现状

改革开放以来，我国经济社会发展取得巨大进步，人民生活水平逐步提高。在此过程中，电力工业也取得了显著成就，我国电网实现了从小到大、从弱到强、从分散孤立到互联互通的蜕变。在经济社会发展和科技进步的持续推动下，一张以特高压为骨干网架，坚强智能的交直流互联大电网逐渐形成，在提供电力保障、资源优化配置、助力绿色发展等方面发挥出巨大作用。

我国能源行业快速发展，已成为全球最大的能源生产国、消费国，有力支撑了经济社会发展。但是，我国能源结构长期以煤为主，油气对外依存度高，是全球最大的碳排放国家，能源清洁低碳转型要求紧迫。2020 年习近平总书记在中央财经领导小组第六次会议上提出"四个革命、一个合作"能源安全新战略，为我国能源发展指明了方向，开辟了中国特色能源发展新道路。2021 年，国家电网公司深入贯彻习近平总书记重要指示和中央经济工作会议精神，发布了"碳达峰、碳中和"行动方案。同年，习近平总书记在中央财经委员会第九次会议上作出构建新型电力系统的重要指示，并且党的二十大报告中强调加快规划建设新型能源体系，为新时代能源电力高质量发展提供了根本遵循，指明了前进方向。

二、电网建设发展

当今世界，百年未有之大变局加速演进，新一轮科技革命和产业变革深入发展，全球气候治理呈现新局面，新能源和信息技术紧密融合，生产生活方式加快转向低碳化、智能化，能源体系和发展模式正在进入非化石能源主导的崭新阶段。加快构建现代能源体系是保障国家能源安全，力争如期实现碳达峰、碳中和的内在要求，也是推动实现经济社会高质量发展的重要支撑。

随着新能源的迅猛崛起、特高压输电线路的顺利建设，以及储能、需求响应等先进技术的不断完善，电力系统正在迎来一个充满活力的时代，它将承担起更多的责任，并且拥有更多的机会。新能源的迅猛崛起为电力系统带来了巨大的变革和发展机遇。太阳能、风能、水能等新能源的快速发展和广泛应用，为电力系统提供了更多的清洁、可再生的能源资源。

特高压输电线路的顺利建设为电力系统的可靠运行和远距离输电提供了重要保障。特高压输电技术具有输电距离远、输电损耗小、输电能力大等优势，可以有效解决区域间能源供需不平衡的问题，促进能源资源的优化配置和利用。随着特高压输电线路的不断扩建和升级，国家间、区域间的能源互联互通得以实现，能源的高效流动和利用得到了提升。这为电力系统的可持续发展和能源安全提供了坚实的基础。

目前，电力用户的需求越来越大，对电网的稳定、安全提出了越来越高的要求。但是，电网的正常运转离不开输电线路的运行和维修。为了保证电力系统的正常运转，必须加强电力系统的建设。为了保证线路的安全运行，运维人员必须加强线路的检查、检测、维护和管理，并运用先进技术不断积累工作经验，确保线路处于安全运行状态。随着国家经济建设的不断发展，作为清洁能源的电能投入持续增加，而架空输电线路是目前电能输送的主要方式，架空输电线路的设计和建设必须符合严格的技术标准，以确保电力系统的安全、可靠和高效运行，输电线路工程验收管控的重要性不言而喻。

三、工程验收方式

传统的架空输电线路工程验收过程依赖于人工测量和纸质记录。然而，这种方式存在人为误差和信息不准确的风险，人力和时间成本高、效率低、效果不理想。随着数字化、GIS 和测绘技术的发展，数字化技术在架空输电线路的全生命周期中发挥着越来越重要的作用，无人机的普及与运用大幅提升了工程验收的质量。

（1）人工验收。传统的工程验收是指竣工后整体验收，主要是人工登检和地面望远镜查看的方式，包括隐蔽工程验收、中间验收、竣工验收三个环节。架空输电线路的隐蔽工程的验收检查应在隐蔽前进行，中间验收主要包括基础工程中间验收、杆塔工程中间验收、架空工程中间验收、接地工程中间验收以及线路防护设施中间验收等内容，竣工验收是线路投入运行前的最后一道关口，竣工验收质量的好与坏，直接影响到今后线路的安全稳定运行。

（2）无人机＋人工验收。利用无人机进行验收具有视角广、无盲区、能够发现一些因视野、角度问题难以发现的缺陷，从而进一步提升输电线路项目验收率和精准性，有效提高验收质量，同时免除了人工重复登塔、减轻了劳动强度，减小了作业风险。虽然无人机各项技术在高速发展，但是当下还需要人工进行操作来实时辨识缺陷。

未来，无人机结合神经网络且各项传感器传输范围增大，可以彻底取代人工进行自主飞行，缺陷也能够完全被自主识别。验收质量的提高就可以从根源去保障线路的安全稳定运行。

四、验收主要难点

2022 年，全国主要电力企业合计完成投资 12470 亿元，比上年增长 15.6%。全国电源工程建设完成投资 7464 亿元，比上年增长 27.2%。全国电网工程建设完成投资 5006 亿元，比上年增长 1.8%。全国新增交流 110kV 及以上输电线路长度 60170km，比上年增长 15.7%，新增变电设备容量 35320 万 kVA，比上年增长 4.9%，华中特高压网架加快构建，川渝特高压交流工程开工建设，适应城乡负荷增长和新能源快速发展的 220kV 及以下电网建设持续推进，电网建设布局持续优化。

随着电网规模增大、智能化程度提高及电网结构升级，新材料、新工艺的大量应用，给输电线路工程验收提出了更高的要求。通过调研，当前输电线路工程验收主要存在以下几个方面的难点，导致验收质量得不到保证、劳动强度大、工作效率低：

（1）验收标准不统一：不同地区、不同单位对于输电线路工程验收的标准和要求存在差异，并且由于新旧运检模式更替，缺乏统一的标准和指导文件，导致验收结果的不一致性。

（2）验收程序不规范：部分单位在进行输电线路工程验收时，缺乏规范的程序和流程，导致验收过程中出现流于形式、不严谨的情况，影响验收结果的准确性和可靠性。

（3）验收人员专业能力参差不齐：现场采用的传统验收组织方式在梳理输

4

电线路工程验收整体工作任务中不能满足现代化输电线路工程验收需求，同时，存在一人负责多项验收任务，验收结果依赖验收人员专业技能水平。

（4）验收过程管控不到位：部分单位在进行输电线路工程验收时，缺乏有效的管控措施，导致施工单位存在违规操作、材料和设备不合格等问题，影响工程的质量和安全。

（5）验收工作效率不高：输电线路工程验收需要确保工程质量符合规范要求，能够安全、可靠的运行。然而，由于工程规模庞大、技术复杂，施工过程中可能存在质量控制不到位、施工质量不符合要求以及验收人员专业能力水平不足等问题，导致传统验收组织方式的效率不高。

这些问题需要通过加强标准化建设、提高人员素质、加强管控和运用新技术等措施来解决，从而提升输电线路设备运维管理单位验收工作管理水平和验收人员技能水平。

第二节 意 义 及 作 用

架空输电线路工程验收管控手册，优化了竣工验收组织方式，将验收人员按照职责分工以及具体的验收维度分为资料组、地面组、登塔组、走线组（500kV及以上电压等级线路）、测量组、通道组、无人机组、复核组八个验收小组，根据八个验收小组的岗位职责制定验收人员培训方案，逐项确定验收内容及验收标准，编制标准化作业指导卡。相较于传统的验收，本手册的验收组织方式具有两大特色：

（1）多维化：本手册通过架空输电线路验收工作细化，将验收工作分为地面、登塔、走线、测量、通道、无人机、复核共计八个小组，优化过后的竣工验收组织方式分为多个维度，多方位的将验收任务进行了细致的分工，可从整个验收全局考虑问题，把多个小组统一协调起来，从而增强验收小组间的合作互补、互通信息、集思广益、共同决策，确保竣工验收工作在各个小组职责范围内得到有效开展。

（2）立体式：推动验收优化，全方位立体式的架空输电线路验收，在空间上保证验收无死角、无遗漏，大幅提高验收工作效率，确保竣工验收的质量，避免验收工作可能存在的盲点与漏洞。

优化验收组织，可实现精细、精准、精确验收，逐项按照验收方案完成验收任务，并能适应不确定性的环境变化，对面临重大缺陷、隐患时所需要立即做出的决策有重要推进作用，能够有效处理各种突发情况，也能够及时促进决策和应对困难。极大提升了工程验收管理水平、降低了验收人员劳动强度、提高了工作效率、提升了现场作业人员业务能力，确保输电线路"零缺陷、零隐患"移交，保证输电线路投运后长期安全稳定运行。

主要体现在以下几个方面：

（1）统一验收标准：编制验收管控手册明确了规定架空输电线路工程的验收标准和要求，确保不同地区、不同单位在进行验收时能够统一标准，确保验收结果的一致性和可比性。

（2）规范验收程序：验收管控手册规范了架空输电线路工程的验收程序和流程，明确各个环节的责任和要求，确保验收过程的规范性和严谨性，减少人为因素的干扰。

（3）提高验收质量：验收管控手册明确了验收人员的职责和要求，确保验收人员具备专业知识和经验，能够准确评估工程的质量和性能，提高验收结果的准确性和可靠性。

（4）加强监管措施：验收管控手册明确了监管部门对于架空输电线路工程验收的监管要求和措施，确保施工单位按照规范进行施工，材料和设备符合要求，加强对验收过程的监督和管理。

（5）保障工程安全和可靠性：编制验收管控手册明确了架空输电线路工程的安全要求和环境保护要求，确保工程对环境的影响最小化，设备和系统的安全性得到保障，提高线路的运行性能和可靠性。

第二章

体系建设

工程验收是指在工程项目完成后，由相关部门或专业机构对工程质量进行检查和验收。它是确保工程质量和安全的重要环节。为提升工程验收质量、减轻作业人员劳动强度、提高验收效率，首先要完善工程项目验收体制和机制，突出验收单位主体责任，对验收工作的开展予以明确规范，国网蒙东电力总结以往验收经验，通过积极的探索和实践，形成一整套要素完备、行之有效的验收工作体系。

第一节　制　度　体　系

为保证验收工作安全有序高效开展，国网蒙东电力结合历年工程验收工作实际，在以国家现行的有关标准规范的基础上不断完善验收管理各项规章制度，根据设备状态评价、精益化评价、技改大修项目，先后编制和修订了《国网蒙东电力输电专业十八项电网重大反事故措施补充条款》《国网蒙东电力反违章管理实施细则》《国网内蒙古超特高压公司反违章管理操作规范》《国网内蒙古超特高压公司输配电线路作业全流程标准化管控操作规范》以及《国网蒙东电力输电线路"一标双控"》等规章制度，为验收工作提供依据，并参考架空输电线路验收主要标准及规范编写输电工程验收的验收方案、验收卡等作业文本。架空输电线路验收主要标准及规范如表 2-1所示。

表 2-1　　　　　　　　　标准及规范参考文件

专用规范		
序号	电压等级	参考规范
1	直流±800kV	《±800kV 架空送电线路施工及验收规范》（Q/GDW 10225—2018）
2		《±800kV 架空送电线路施工质量检验及评定规程》（Q/GDW 1226—2014）
3		《±800kV 架空输电线路张力架线施工工艺导则》（Q/GDW 10260—2018）
4		《±800kV 架空输电线路杆塔组立施工工艺导则》（DL/T 5287—2013）
5		《±800kV 输变电工程导地线液压施工工艺规程》（DL/T 5285—2018）
6		《±800kV 直流架空输电线路运行规程》（DL/T 307—2010）

续表

序号	电压等级	参考规范
1		《1000kV 架空输电线路设计规范》（GB 50665—2011）
2		《1000kV 输变电工程竣工验收规范》（GB 50993—2014）
3		《1000kV 交流架空输电线路运行规程》（Q/GDW 1210—2014）
4		《1000kV 架空输电线路杆塔组立施工工艺导则》（DL/T 5289—2013）
5		《1000kV 架空输电线路张力架线施工工艺导则》（Q/GDW 10154—2017）
6	交流 1000kV	《1000kV 输变电工程导地线液压施工工艺规程》（DL/T 5291—2013）
7		《1000kV 架空输电线路工程施工质量检验及评定规程》（DL/T 5300—2013）
8		《1000kV 架空输电线路施工及验收规范》（Q/GDW 10115—2022）
9		《1000kV 架空输电线路施工质量检验及评定规范》（Q/GDW 1163—2012）
10		《1000kV 架空送电线路杆塔组立施工工艺导则》（Q/GDW 1860—2012）
11		《1000kV 架空送电线路张力架线施工工艺导则》（Q/GDW 154—2021）
1	交流 110～750kV	《110kV～750kV 架空输电线路施工及验收规范》（GB 50233—2014）
2		《110kV～750kV 架空送电线路设计规范》（GB 50545—2010）
1	交流 66kV 及以下	《66kV 及以下架空输电线路施工及验收规范》（GB 50173—2014）

通用规范		
序号	验收项目	规范名称
1		《普通混凝土用碎石（或卵石）质量标准及检验办法》（JGJ 53—92）
2	土石方工程	《混凝土结构工程施工质量验收规格》（GB 50204—2022）
3		《建筑地基基础工程施工质量验收规范》（GB 50202—2018）
4		《普通混凝土用砂质量标准及检验办法》（JGJ 52—92）
1		《输电线路杆塔制图和构造规定》（DL/T 5442—2020）
2	杆塔工程	《架空输电线路杆塔结构设计技术规定》（DL/T 5486—2020）
3		《建筑钢结构焊接技术规程》（JCJ 81—2018）
4		《钢结构工程施工质量验收规范》（GB 50205—2020）
1	架线工程	《输变电工程架空导线及地线液压压接工艺规程》（DL/T 5285—2018）
2		《碳纤维复合材料芯架空导线》（Q/GWD 1851—2016）

9

续表

序号	验收项目	规范名称
3	架线工程	《铝绞线及钢芯铝绞线》（GB 1179—83）
1	光纤复合架空地线	《电力系统通信光缆安装工艺规范》（Q/GDW 10758—2018）
2		《光纤复合架空地线》（DL/T 832—2016）
1	附件安装	《电力金具通用技术条件》（GB 2314—2008）
2		《电力金具制造质量》（DL/T 768.1～768.4—2017）
3		《高压线路用有机复合绝缘子技术条件》（JB 5892）
4		《复合绝缘子试验方法和验收标准》（GB/T 19519—2004）
1	接地工程	《接地装置施工及验收规范》（GB 50169—2016）
2		《输电线路杆塔工频接地电阻测量导则》（Q/GWD 11317—2014）
3		《镀锌钢绞线》（YB 5004—2012）
4		《接地装置工频特性参数的测量导则》（DL/T 475—2017）
1	通用	《国家电网公司十八项电网重大反事故措施》（修订版）
2		《交流电气装置的设计规范》（GB/T 50065—2011）
3		《国家电网公司输变电工程标准工艺》（2022 年版）
4		《高压直流架空送电线路技术导则》（DL/T 436—2021）
5		《交流电气装置的设计规范》（GB/T 50065—2011）

专用规范		
序号	电压等级	参考规范
1	直流±800kV	《±800kV 架空送电线路施工及验收规范》（Q/GDW 1225—2014）
2		《±800kV 架空送电线路施工质量检验及评定规程》（Q/GDW 226—2008）
3		《±800kV 架空输电线路张力架线施工工艺导则》（DL/T 5286—2013）
4		《±800kV 架空输电线路杆塔组立施工工艺导则》（DL/T 5287—2013）
5		《±800kV 输变电工程导地线液压施工工艺规程》（DL/T 5291—2013）
6		《±800kV 直流架空输电线路运行规程》（DL/T 307—2010）
1	交流 1000kV	《1000kV 架空输电线路设计规范》（GB 50665—2011）
2		《1000kV 输变电工程竣工验收规范》（GB 50993—2014）
3		《1000kV 交流架空输电线路运行规程》（DL/T 307—2010）
4		《1000kV 架空输电线路杆塔组立施工工艺导则》（DL/T 5289—2013）

续表

序号	电压等级	参考规范
5	交流 1000kV	《1000kV 架空输电线路张力架线施工工艺导则》（DL/T 5290—2013）
6		《1000kV 输变电工程导地线液压施工工艺规程》（DL/T 5291—2013）
7		《1000kV 架空输电线路工程施工质量检验及评定规程》（DL/T 5300—2013）
8		《1000kV 架空输电线路施工及验收规范》（Q/GDW 1153—2012）
9		《1000kV 架空输电线路施工质量检验及评定规范》（Q/GDW 1163—2012）
10		《1000kV 架空送电线路杆塔组立施工工艺导则》（Q/GDW 1860—2012）
11		《1000kV 架空送电线路张力架线施工工艺导则》（Q/GDW 154—2006）
1	交流 110～750kV	《110kV～750kV 架空输电线路施工及验收规范》（GB 50233—2014）
2		《110kV～750kV 架空送电线路设计规范》（GB 50545—2010）
1	交流 66kV 及以下	《66kV 及以下架空输电线路施工及验收规范》（GB 50173—2014）
通用规范		
序号	验收项目	规范名称
1	土石方工程	《普通混凝土用碎石（或卵石）质量标准及检验办法》（JGJ 53—92）
2		《混凝土结构工程施工质量验收规格》（GB 50204—2015）
3		《建筑地基基础工程施工质量验收规范》（GB 50202—2013）
4		《普通混凝土用砂质量标准及检验办法》（JGJ 52—92）
1	杆塔工程	《输电线路杆塔制图和构造规定》（DL/T 5442—2010）
2		《架空输电线路杆塔结构设计技术规定》（DL/T 5154—2012）
3		《建筑钢结构焊接技术规程》（JGJ—2002）
4		《钢结构工程施工质量验收规范》（GB 50205—2001）
1	架线工程	《输变电工程架空导线及地线液压压接工艺规程》（DL/T 5285—2018）
2		《碳纤维复合材料芯架空导线》（Q/GWD 1851—2012）
3		《铝绞线及钢芯铝绞线》（GB 1179—83）
1	光纤复合架空地线	《电力系统通信光缆安装工艺规范》（Q/GDW 758—2012）
2		《光纤复合架空地线》（DL/T 832—2003）
1	附件安装	《电力金具通用技术条件》（GB 2314—1997）
2		《电力金具制造质量》（DL/T 768.1～768.7—2002）
3		《高压线路用有机复合绝缘子技术条件》（JB 5892）

续表

通用规范		
序号	验收项目	规范名称
4	附件安装	《复合绝缘子试验方法和验收标准》（GB/T 19519—2004）
1	接地工程	《接地装置施工及验收规范》（GB 50169—1992）
2		《杆塔工频接地电阻测量》（DL/T 887—2004）
3		《镀锌钢绞线》（YB 5004—93）
4		《接地装置工频特性参数的测量导则》（DL/T 475—2017）
1	通用	《国家电网公司十八项电网重大反事故措施》（修订版）
2		《交流电气装置的设计规范》（GB/T 50065—2011）
3		《国家电网公司输变电工程标准工艺》（2016 年版）
4		《高压直流架空送电线路技术导则》（DL/T 436—2005）
5		《交流电气装置的设计规范》（GB/T 50065—2011）

第二节 组 织 体 系

运维单位负责全面管理验收工作，资料组为验收工作提供技术指导和数据支撑，运检班组为验收工作的实施者。运维单位在收到建管单位的三级自检报告和竣工验收申请报告后，对于审查符合验收条件的工程项目要及时安排组织进行正式验收。资料组对施工单位移交的施工图纸进行接收和验收，并将收集整理的验收资料下发各验收小组，并结合图纸就验收相关的关键点和注意事项进行交代，细化工作流程，扭住关键环节、关键指标，细致做好验收各项工作，确保各小组明确各自的工作内容、任务分工。

验收过程中各组之间要相互联动，积极沟通配合，防止出现验收空白点，每日收工后将当天验收情况向资料组反馈，形成缺陷单。

验收完成后资料组负责将验收情况汇总形成验收报告上报运维单位，运维单位将验收情况反馈至建管单位进行集中消缺。同时运维单位组织人员对缺陷消除情况进行跟踪和查验，采取消除一处、验收一处的方式，提高验收质量。

验收组织结构框架如图 2-1 所示。

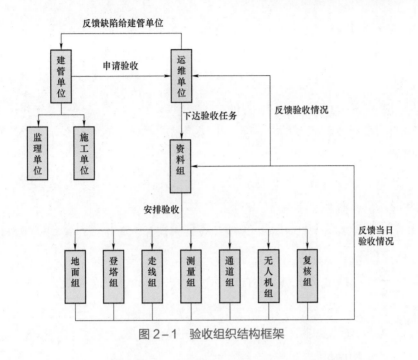

图 2-1 验收组织结构框架

第三节 责任体系

为贯彻落实有关验收工作的文件、制度、规程规定，加强输电线路验收管理，明确各岗位分工及职责，确保验收工作顺利、安全、有序开展，要健全队伍保障体系。在充分体现"多维""立体"的基础上，将验收队伍按照职责分工划分为资料组、地面组、登塔组、走线组、测量组、通道组、无人机组、复核组八个验收小组，走线组配置适用于电压等级达到 500kV 及以上的超高压输电线路验收工作，且空域处于禁飞区等受限制区域，只能采用传统的人工走线的方式进行验收。相反为减轻作业人员劳动强度、提高验收效率，尽可能采用无人机等先进装备开展验收工作，实现精细、精准、精确验收。

验收前对竣工验收队伍进行差异化培训，可以有效地提高验收质量、降低验收时间成本，更好地实现精细、精准、精确验收，同时还能保证登塔组、走线组安全，增加资料组、测量组数据准确度，减少地面组、复核组工作量，使通道组、无人机组验收更加立体。

1. 资料组履行职责

（1）熟悉验收线路的基本信息，如线路长度，杆塔基数，沿线地形等基本情况；

（2）对国家电网办〔2018〕1166 号及图纸培训，负责收集、整理和审查验收线路的图纸资料、档案是否齐全，确保档案的完整、准确、系统、安全和有效利用；

（3）负责编写验收工作的验收计划和验收方案，用以指导现场验收各项工作，从而达到验收后"零缺陷"投运；

（4）负责审核各验收小组上报的验收缺陷，并上报工区，根据施工单位反馈的消缺记录进行复检；

（5）竣工验收完成后负责与施工单位对接，要求在规定期限内完成竣工图纸移交，并完成归档工作；

（6）PMS 系统基础数据录入、同源系统操作培训，负责建立 PMS 系统基础数据，能根据图纸准确录入系统数据；

（7）负责编制线路"通道状态图"。

2. 地面组履行职责

（1）熟悉线路走向、塔数等基本信息，负责对走线人员进行监护，监督走线验收安全及质量，对走线人员发现的问题进行拍照。

（2）本体、金具、导地线等标准命名及缺陷、隐患识别培训，能正确命名缺陷隐患、具体部位及严重程度，采集导地线挂点、导地线防振锤、导线间隔棒、整串绝缘子照片。

（3）在施工阶段负责旁站监督，及时对采集的视频进行整理留存，采集范围应包含但不限于以下内容：采集反映线路施工过程中（包括基础、组塔、架线、接地工程施工等）关键环节、隐蔽工程质量状况和线路验收等关键环节的数码照片，数码照片资料应与实际进度同步形成，用数码相机实地拍摄，真实反映现场实际施工情况。

（4）建设工程工序转序时负责对隐蔽工程进行验收，参加隐蔽工程验收人员应持验收标准卡逐项进行，发现问题反馈建设管理单位，设备运维单位保留记录并跟踪整改情况。

（5）负责对隐蔽工程进行验收，并在竣工验收阶段对隐蔽工程进行抽样检查，旁站监督比例为：隐蔽工程（直线塔基础和耐张塔基础各抽查其总基数的5%；导、地线接续管和补修管应根据施工具体情况进行抽查；接地工程抽查杆塔总基数的5%）；杆塔组立（直线塔和耐张塔各抽查其总基数的3%）；架线工程抽查线路总耐张段的5%；附件安装抽查杆塔总基数的10%。

（6）负责检查验收杆塔接地、基础、护坡、排水沟、回填土、地脚螺栓、保护帽、标志牌等情况。

3. 登塔组履行职责

（1）熟悉杆塔形式、挂点金具连接顺序、附件型号等；

（2）登塔实操培训、引流线测量培训，确保安全验收与测量准确度，负责对所有杆塔进行登塔检查，重点检查引流线与金具是否存在磨损，查看连接金具销针是否缺失，测量引流线与杆塔的水平和垂直空气间隙是否符合设计要求，测量引流线长度是否符合设计规范，抽查杆塔螺栓扭矩值等是否满足设计要求；

（3）检查在线监测装置是否牢固可靠，安装位置是否合理，镜头是否有遮挡。

4. 走线组履行职责

负责检查导线、地线、防振锤、间隔棒、导线耐张绝缘子串金具连接情况、悬垂绝缘子串导线端金具连接情况、压接管压接工艺，检查引流板螺栓是否紧固、次档距是否合格，对发现的问题进行位置标记并记录。

5. 测量组履行职责

（1）经纬仪、测距仪、镀锌层厚度检测仪、钢筋检测仪及回弹仪等测量工具使用现场培训，掌握测量工具使用方法，能准确测量弧垂、杆塔倾斜、交跨距离，与资料组共同核对数据；

（2）熟悉导地线架线弧垂表、接地电阻值、交叉跨越距离等；

（3）负责接地电阻、导地线弧垂、交叉跨越、杆塔倾斜度、转角度数测量，记录现场气象环境及测量数据，留存数据资料并签字确认。

6. 通道组履行以下职责

（1）熟悉通道类型、沿线地形、地理环境及通道周边污染源等；

（2）输电线路通道隐患识别培训，负责检查线路通道、交叉跨越区段、风偏、树木及房屋拆迁情况等，同时采集相关交跨照片，包括线下施工、通道附近广告牌和彩钢房等易漂浮物；

（3）手机地图、坐标转换等软件培训，能将图纸转换格式、杆塔坐标转换成手机地图软件格式，方便其余七组在现场定位杆塔，并运用手机地图软件记录巡检便道，与沿线居民沟通留存联系方式，以便后期运维阶段发展护线员。

7. 无人机组履行职责

（1）无人机飞行实操培训，能够熟练操作无人机；

（2）本体、金具、导地线等标准命名及缺陷、隐患识别培训，能正确命名缺陷隐患、具体部位及严重程度；

（3）负责对全线杆塔塔材缺失情况、挂点金具连接情况、销针开口情况和通道情况进行拍照检查；

（4）辅助地面验收工作组和走线组拍摄缺陷照片，弥补地面组盲区，并在高空拍摄地形地貌，实现验收过程"多维""立体"。

8. 复核组履行职责

熟悉线路基本信息，负责对验收过程中拍摄的影像资料、测量的数据进行再次排查、复核，并及时更新缺陷汇总表，避免遗漏缺陷、隐患。

第四节 管 控 体 系

一、工器具使用要求

（1）验收工器具领用和归还时必须进行外观检查，检查的内容包括：

1）是否符合设备的电压等级；

2）是否在试验有效期内并粘贴试验合格证；

3）外观是否有裂纹、破损、机械损伤、变形、老化等现象；

4）是否清洁完整。

（2）工器具应严格按照使用说明操作，不得违规使用。

（3）绝缘工器具应使用专用的工具袋或工具箱，防止受潮或损伤。

二、影像资料查看要求

现场验收人员在每日验收完成后，应复核查看当日采集的照片，重点对导地线、金具、绝缘子、附属设施进行查看，对于存在疑问的照片应仔细核对图纸并进行讨论，必要时现场复核。

三、验收数据汇总要求

现场验收应及时填写记录表格，做到详细、准确无异议，签字确认后上交汇总。

验收负责人审查现场验收检查人员填写的"缺陷汇总表"，并按标段、桩号增加序列将缺陷输入计算机，按照要求汇报验收总结。（调整语序）

验收完毕后，将缺陷汇总表及照片归档留存并以工作联系单形式分别交至建设管理单位及施工单位，以便消缺处理，并要求施工单位将消缺情况予以反馈。

（一）缺陷描述要求

使用统一规范的缺陷描述术语，描述线路缺陷时使用线路名称和位置称号，位置称号即垂直排列的上线、中线或下线和面向线路杆塔号增加方向的左线、中线或右线，问题内容描述方式：问题内容＝问题地理位置＋问题具体位置＋问题内容＋程度；描述杆塔上的问题时位置应准确，或记录其塔材型号，金具或辅材应规范其名称。

（1）线路方向以运行杆塔号增加方向为正方向，即分大、小号侧，面向正方向分左、中、右线。

（2）分裂导线需注明某号子导线；导、地线接续管、耐张线夹压接管需注明某号塔第几个档距。

（3）顺线路方向，基础、接地装置按顺时针方向分别为 A、B、C、D 腿。

（4）塔材应注明具体位置、规格及尺寸、塔材型号、数量。

（5）横担分导线横担、地线横担、左横担头、右横担头。单杆塔和垂直排列者按其横担导线线位描述。

（6）杆塔段按自然位置描述。双杆塔分左右杆塔；杆塔分塔头及塔身上、中、下段；杆塔的前、后侧和左、右侧按线路正方向统计。

（7）绝缘子片数从横担端向导线端依次计数。其问题必须写明破损面积，自爆情况，并写明绝缘子位置、型号、大小槽、色别。绝缘子串偏斜要写明偏斜方向、度数或距离。

（8）间隔棒要写明某线某档第几个（按接近某杆塔由近及远依次计数）。

（二）验收问题汇总表格整理要求

线路验收问题汇总表应包括施工桩号、运行塔号、杆塔类别、问题描述、问题分类、问题产生原因、发现人、发现时间，如表 2-2 所示。

表 2-2   缺 陷 表 格 整 理 示 例

×××kV××线验收问题汇总表								
×××kV××线××-××号塔，共××基塔，其中直线塔××基，耐张塔××基，共发现问题××项，其中接地装置××项；基础类××项；杆塔类××项；导、地线类××项；绝缘子类××项；金具类××项；附属设施类××项；通道类××项								
问题统计表								
序号	施工桩号	运行塔号	杆塔型号	问题描述	问题分类	产生原因	发现人	发现时间
1	DN1	××	耐张塔		接地装置类	施工工艺	××	20××年××月××日
					……			20××年××月××日
2	DN2	××	直线塔		杆塔类		××	20××年××月××日
					……			20××年××月××日

（三）缺陷归档要求

为保证每日验收后的问题及时、准确、有针对性地消除，应按照每日的验收进度，将缺陷照片汇总归档。

（1）按验收进度，每日新建文件夹，命名需要包括电压等级、线路名称、日期等，如图 2-2 所示。

（2）"×××kV××线××月××日验收问题汇总"每日文件夹内按照线路名称分别命名图片文件夹，放置验收发现问题照片，具体问题汇总于当日Excel表内。

（3）"×××kV××线"内新建子文件夹，名称应按运行塔号依次命名，如图2-3所示。

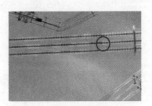

名称

▢ XXXkVXX线X月1日验收问题汇总
▢ XXXkVXX线X月2日验收问题汇总
▢ XXXkVXX线X月3日验收问题汇总

名称

▢ XXXkVXXX线001号
▢ XXXkVXXX线002号
▢ XXXkVXXX线003号
▢ XXXkVXXX线004号

图2-2　缺陷照片归档示例　　　　图2-3　缺陷表格文件子文件夹命名示例

（4）"×××kV××线××号"内为该基塔验收发现问题图片，图片以"运行塔号+问题描述"命名，按塔号归类整理，如图2-4所示。

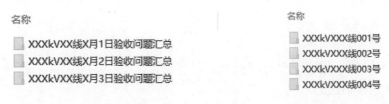

A腿基础露出过高　　　　地线挂点电极棒歪斜　　　　下线小号侧第37片绝缘子自爆

图2-4　问题照片归类整理示例

四、竣工验收报告编制

竣工验收结束后应编写验收汇报，对竣工验收工作进行总结。竣工验收报告应包含以下部分。

（一）验收概况

验收概况应包含验收时间、工作安排、签字确认页、人员情况及保证验收质量的措施。

以某1000kV线路为例：20××年××月××～××日某线路运维单位严格按照国网公司十八项反事故措施、架空输电线路验收规范、设计规范、工程设计图纸为依据，圆满完成了某 1000kV 线路 001 号～030 号共 30 基塔登塔验收工作（完成率 100%），001 号～030 号共 31 档线的走线验收工作（完成率 100%，包含零档距）。运维单位共组织××人全面开展线路竣工预验收工作，其中××人为运维单位人员，分成登塔组、地面组、测量组及无人机组等 8 个验收小组，××人为外委单位人员，组成走线验收组。

（二）验收问题详情

验收问题详情应分述地面组、走线组、登塔组、无人机组、通道组、测量组发现问题及消除情况。

以某 1000kV 线路为例：共发现问题 183 处：地面验收发现问题 49 处；走线验收发现问题 40 处；登塔验收发现问题 66 处；无人机验收发现问题 28 处。

随验现场消除问题 11 处：补装销针 3 处；修复防坠轨道 1 处；补装螺母 3 处；间隔棒缺陷 3 处；导线磨损 1 处。

剩余未处理问题 172 处：金具类 118 处；杆塔类 7 处；导地线类 35 处；绝缘子类 6 处；附属设施类 4 处；基础类 1 处；接地装置类 1 处。

登塔组测量耐张塔跳线长度及空气间隙 8 处，其中耐张跳线长度与设计参考值不符 5 处，针对该问题需设计单位进行核实，出具结论证明；走线组使用测绳测量跨越 220kV 及以上线路交叉跨越距离 4 处（现场测量情况见图 2-5），全部合格；测量导线间隔棒次档距 7 处，不符合设计要求 7 处。

图 2-5　走线组使用测绳测量交叉跨越净空距离

（三）存在共性问题

描述验收过程中存在的突出共性问题。以某 1000kV 线路为例：

1. 导线间隔棒安装数量、距离不符合设计要求问题

经验收发现某 1000kV 线路存在间隔棒次档距距离不符合设计要求，10 挡导线间隔棒安装数量与设计给出数量不符，现场详情见图 2-6。

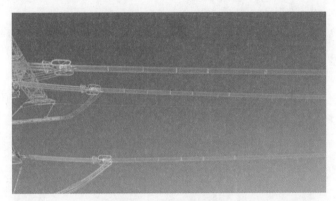

图 2-6　某 1000kV 线路 021 号塔大号侧间隔棒安装数量异常

2. 全线金具、塔材表面镀锌破损、严重锈蚀问题

经验收发现全线 11 基塔金具及塔材大量存在表面镀锌破损、漆黑、麻面现象，部分金具锈蚀较为严重，详情见图 2-7、图 2-8。

图 2-7　某 1000kV 线路 005 号塔右线大号侧横担端调整板锈蚀

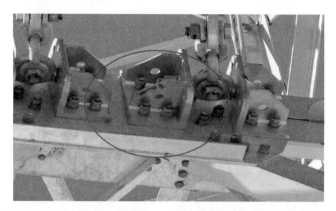

图 2-8 某 1000kV 线路 018 号塔中线大号侧横担端塔材锈蚀

3. 全线耐张塔跳线复合绝缘子下端均压环表面严重磨损问题

经无人机组验收发现全线耐张塔跳线复合绝缘子下挂点均压环表面磨损较为严重，耐张塔导线端屏蔽环表面存在少量磨损现象，详情见图 2-9。

图 2-9 某 1000kV 线路 027 号塔跳线串下挂点均压环

4. 全线多处光缆防振锤安装数量不符合设计要求问题

经地面验收人员核实发现，全线共 11 基塔存在光缆防振锤安装数量与设计要求不符合问题。

5. 间隔棒预绞丝端部散股

经验收发现全线大部分间隔棒线夹预绞丝端部缠绕不紧密、散股，详情见图 2-10。

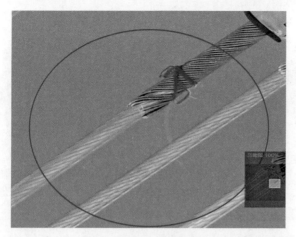

图2-10　某1000kV线路导线间隔棒预绞丝缠绕不规范

（四）总结

对竣工（预）验收工作中的经验教训进行总结，为以后的验收工作提出可行性的改进意见。以某1000kV线路为例。

1000kV某线路目前已顺利完成竣工预验收的初验工作，过程中业主项目部给予运行单位的竣工预验收工作极大的配合，积极组织监理单位参与竣工预验收现场监督；积极组织施工单位提供充足的人力、物力做好现场验收配合工作，从而保证现场发现的一些问题能及时处理；保证了预验收工作安全、有序、顺利地进行。在此对参加预验收工作各兄弟单位给予感谢。

（五）典型问题图例

1. 已消缺典型问题图例

为使验收人员更加清晰明了地掌握输电线路的典型问题，提高验收人员的技能水平，确保线路的验收质量，将消缺前后的照片进行对比。列出消缺前后的照片，以某1000kV线路为例。

（1）某1000kV线路005号塔防坠轨道第七段不畅通，如图2-11所示。

（2）某1000kV线路015号塔中线大号侧第9间隔棒缺橡胶套，如图2-12所示。

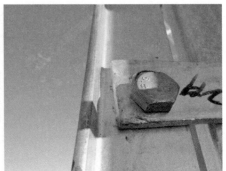

消缺前　　　　　　　　　　　　消缺后

图 2-11　某 1000kV 线路防坠轨道不畅通消缺前后示例

消缺前　　　　　　　　　　　　消缺后

图 2-12　某 1000kV 线路间隔棒缺橡胶套消缺前后示例

（3）某 1000kV 线路 028 号塔中线右上挂点 U 形挂环螺栓缺销针，如图 2-13 所示。

消缺前　　　　　　　　　　　　消缺后

图 2-13　某 1000kV 线路中线右上挂点 U 形挂环螺栓缺销针消缺前后示例

2. 未消缺典型问题图例

列出未消缺典型问题照片，以某 1000kV 线路为例。

（1）某 1000kV 线路 001 号塔基础回填土塌陷，如图 2-14 所示。

图 2-14 某 1000kV 线路基础回填土塌陷示例

（2）某 1000kV 线路 001 号左线跳线串小号侧悬垂串下挂点管母抱箍处缺 2 销针，如图 2-15 所示。

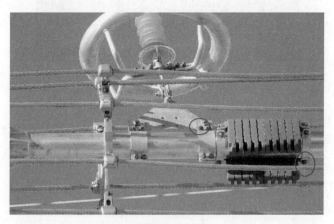

图 2-15 某 1000kV 线路左线跳线串小号侧悬垂串下挂点
管母抱箍处缺 2 销针示例

（3）某 1000kV 线路 001 号左线跳线间隔棒（16 号）缺 1 销针，如图 2-16 所示。

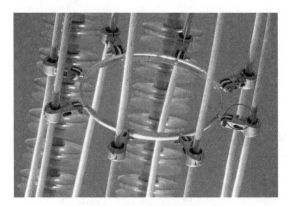

图 2-16　某 1000kV 线路左线跳线间隔棒（16 号）缺 1 销针示例

（4）某 1000kV 线路 001 号右线小号侧导线侧挂点引流线与均压环相磨，如图 2-17 所示。

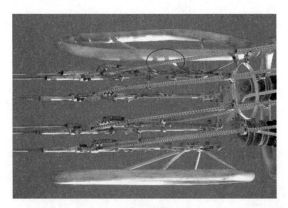

图 2-17　某 1000kV 线路右线小号侧导线侧挂点引流线与均压环相磨示例

（六）附表

列出各验收组发现问题情况汇总表及各项测量数据统计表。

第三章

工程验收

第一节 验 收 前 准 备

验收前准备工作内容主要包括编写竣工验收方案、验收前培训两个方面。

一、编写竣工验收方案

为确保输电线路工程质量符合设计及相关设计规范要求，及时发现及消除设备存在问题，达到"零缺陷"移交，指导现场验收各项工作，需编制详细的验收方案。

验收方案包含 10 个部分：总则、编制依据、线路概况、验收组织机构、验收日程安排、验收内容及标准、验收安全措施、验收组织措施、工器具及资料。各部分主要内容如下：

1. 总则

说明验收方案编制的目的和意义。

2. 编制依据

为了保证输电线路高质量、高标准完成验收，根据国家、行业及企业标准，并结合设计图纸、施工记录、线路实际情况等，编制竣工验收方案，所依据的国家、行业及企业标准，如表 3-1 所示。

表 3-1　　　　　　　　　　竣工验收方案编制依据

序号	电压等级	参考规范
1	直流±800kV	《±800kV 架空送电线路施工及验收规范》（Q/GDW 1225—2014）
2		《±800kV 架空送电线路施工质量检验及评定规程》（Q/GDW 226—2008）
3		《±800kV 架空输电线路张力架线施工工艺导则》（DL/T 5286—2013）
4		《±800kV 架空输电线路杆塔组立施工工艺导》（DL/T 5287—2013）
5		《±800kV 输变电工程导地线液压施工工艺规程》（DL/T 5291—2013）
6		《±800kV 直流架空输电线路运行规程》（DL/T 307—2010）
1	交流 1000kV	《1000kV 架空输电线路设计规范》（GB 50665—2011）
2		《1000kV 输变电工程竣工验收规范》（GB 50993—2014）

序号	电压等级	参考规范
3	交流 1000kV	《1000kV 交流架空输电线路运行规程》（DL/T 307—2010）
4		《1000kV 架空输电线路杆塔组立施工工艺导则》（DL/T 5289—2013）
5		《1000kV 架空输电线路张力架线施工工艺导则》（DL/T 5290—2013）
6		《1000kV 输变电工程导地线液压施工工艺规程》（DL/T 5291—2013）
7		《1000kV 架空输电线路工程施工质量检验及评定规程》（DL/T 5300—2013）
8		《1000kV 架空输电线路施工及验收规范》（Q/GDW 1153—2012）
9		《1000kV 架空输电线路施工质量检验及评定规范》（Q/GDW 1163—2012）
10		《1000kV 架空送电线路杆塔组立施工工艺导则》（Q/GDW 1860—2012）
11		《1000kV 架空送电线路张力架线施工工艺导则》（Q/GDW 154—2006）
1	流 110～750kV	《110kV～750kV 架空输电线路施工及验收规范》（GB 50233—2014）
2		《110kV～750kV 架空送电线路设计规范》（GB 50545—2010）
1	交流 66kV 及以下	《66kV 及以下架空输电线路施工及验收规范》（GB 50173—2014）

3. 线路概况

线路概况应包含以下内容：

（1）建设概况。起始发电厂（变电站），终止变电站，线路长度，杆塔基数，沿线地形基本情况、建设日期及计划投运日期。

（2）杆塔。列出工程使用的全部杆塔型号、杆塔总数、直线塔及耐张塔基数，制作杆塔型号一览表，如表 3-2 所示。

以某 1000kV 线路为例：

本工程全线使用 11 种杆塔型号：ZB30101、ZB30102、ZB30102D、ZB30103、ZB30103D、DJ30101D、DJ30102D、JC30101、JC30102、JC30102D、JC30104D，共计杆塔 30 基，其中直线杆塔合计 22 基，占杆塔总基数的 73%；耐张转角塔及终端塔合计 8 基，占杆塔总基数的 27%。

表 3-2 杆塔型号一览表

型号		塔号/呼称高	合计（基）
杆塔型号及数量	ZB30101	DN13/51	1
	ZB30102	DN7/57　DN8/57 DN10/63　DN11/54 DN12/51　DN14/48 DN15/54　DN17/57 DN19/75　DN23/75	10
	ZB30102D	DN3/63　DN4/78 DN28/57　DN29/63	4
	ZB30103	DN6/63　DN16/78 DN20/84　DN22/84 DN25/84	5
	ZB30103D	DN2/78　DN26/81	2
	DJ30101D	DN30/36	1
	DJ30102D	DN1/45	1
	JC30101	DN9/39　DN21/39 DN24/48	3
	JC30102	DN18/36	1
	JC30102D	DN1/45	1
	JC30104D	DN5/42	1
合计		30	30

（3）导线和架空地线。导线及架空地线的型号及设计参数。

以某 1000kV 线路为例：

本工程导线采用 8×JLRX/F1A-550/45 碳纤维复合芯导线，跳线采用 8×JL/G1A-720/50 钢芯铝绞线。单回采用水平排列架设；根据实地覆冰调研资料及各种覆冰影像因素分析，全线设计风速为离地 10m 高、100 年一遇、10min 平均最大风速设计基本风速有 30m/s（11 级风）一种风区，占 100%；设计导线覆冰为 10mm 轻冰区。导线每相为 8 分裂，分裂间距为 400mm。

本工程架空地线（单回路）采用双 OPGW－170 配置，两端变电站 2km 范围内按照 3 根地线设计。以哈那电厂出线构架为起点，向胜利特高压变电站方向作为线路前进方向，采用 3 根地线时，地线 1 根采用 JLB20A－170 型铝包钢绞线，位于地线支架中间；另 2 根采用 OPGW－170，位于地线支架两侧。地线对边导线的保护角为单回路平丘地区不大于 6°；耐张塔地线对跳线（横担中心线下方）的保护角不大于 6°。在变电站 2km 进线段，地线对导线保护角不宜大于 −4°。左地线为 24 芯，右地线为 36 芯。设计覆冰厚度在导线的基础上加 5mm。

（4）绝缘子。列出工程不同区段的绝缘配置情况及所使用的绝缘子型号、设计参数。

以某 1000kV 线路为例：

本工程线路按 d 级污秽区配置绝缘子水平（等值盐密按 0.25mg/m³），悬垂绝缘子串采用 I 串和 V 串形式，V 串夹角取 90°～100°，有 300kN 双联 I 串、420kN 单联 V 串和 420kN 双联 V 串；耐张串采用三联 420kN 盘式玻璃绝缘子串，进线档耐张串采用双联 300kN 盘型悬式瓷绝缘子；跳线串采用双"I"型 210kN 合成绝缘子串；地线悬垂绝缘子串采用 210kN 地线双联双线夹悬垂串；地线耐张绝缘子串采用 210kN 地线单联耐张串。

进线档采用盘型悬式瓷绝缘子，型号为 U300BP/195T，每联 62 片（双联）。

导线耐张串采用玻璃绝缘子，型号为 U420BP/205T，每联 62 片（三联）。

导线悬垂串采用复合绝缘子，型号分别为 FXBW－1000/300、FXBW－1000/420，左右线采用双 I 型串结构，中线采用 V 型串结构。

跳线悬垂串采用复合绝缘子，型号为 FXBW－1000/210，采用双 I 型串结构。

地线耐张串采用瓷绝缘子，型号为 UE120CN，每联 1 片。

详细导、地线绝缘子配置表及导、地线耐张串采用盘式绝缘子片数配表如表 3－3、表 3－4 所示。

表 3-3　　　　　　　　　　导、地线绝缘子配置表

冰区	类型	单支绝缘子吨位（kN）	绝缘子类型	组装形式
10mm	悬垂串	300	复合绝缘子	双 I 型串、双 V 型串
	悬垂串	420	复合绝缘子	单 V 型串、双 V 型串
	耐张串	420	盘式玻璃绝缘子	三联串
	耐张串	300	盘式瓷绝缘子	双联串
	跳线串	210	复合绝缘子	双 I 型串
15mm	悬垂串	120	盘式瓷绝缘子	双联串

表 3-4　　　　　　　　导、地线耐张串采用盘式绝缘子片数配表

冰区	绝缘子吨位（kN）	片数（1000m 海拔）
10mm	420（玻璃）	62
	300（瓷质）	62
15mm	120（瓷质）	1

（5）金具。列出导线悬垂串金具、导线耐张串金具、地线悬垂串金具、地线耐张串金具中各部件的型号，并附上金具组装图；导、地线防振锤的型号及不同地形条件下的安装数量表；间隔棒的型号及配置表。

（6）接地装置。接地装置的型号及布置形式。

以某 1000kV 线路为例：

本工程每基杆塔均接地，接地装置采用接地框加水平接地射线的形式，接地体及接地引下线采用热镀锌 $\phi12$ 圆钢。设计电阻为 20Ω。工程均采用 TS22 型的接地装置形式，如图 3-1 所示。

（7）导线换位。绘制线路导线相序图。

4. 验收组织机构

列出验收期间组织机构，包括领导小组及工作小组。细分工作小组，共计八个小组：资料组、地面组、登塔组、走线组、测量组、通道组、无人机组、二次复核组职责分工。

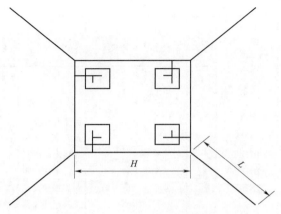

图 3−1 TS22 型接地装置

5. 验收日程安排

将验收任务合理分配，列出表格详细安排各个验收组每天的工作安排、乘坐车辆、负责人的联系方式、天气情况及注意事项。验收期间建立验收群，汇报每日验收进度及验收存在问题，推进验收工作。

以某 1000kV 线路为例，验收安排如表 3−5～表 3−10 所示。

表 3−5 地面组、通道组验收计划（示例）

组别	小组负责人	组员	验收范围运行杆号（施工桩号）	乘坐车辆	端次档距抽检塔号	交叉跨越	工作任务	联系方式	时间
一组	×××	1. ×× 2. ××	1000kV××线 015−020（DN15−DN20）	运行单位车辆	018 号塔右线大号侧第 8 个次档距	019−020 跨 220kV××线 1 次	1. 组长：采集导线挂点、整串绝缘子、导地线防振锤照片，核对导地线防振锤数量，采集线路通道内的其他线路、房屋、道路和树木照片。 2. 组员 1：采集所有间隔棒、接续管照片。	运行单位负责人××：××××××××××施工负责人××：×××××××××	20××−××−××
二组	×××	1. ×× 2. ××	1000kV××线 020−025（DN20−DN25）	运行单位车辆	022 号塔左线大号侧第 6 个次档距	022−023 跨 500kV××线 I、II 线 1 次		运行单位负责人××：××××××××××施工负责人××：×××××××××	20××−××−××

续表

组别	小组负责人	组员	验收范围运行杆号（施工桩号）	乘坐车辆	端次档距抽检塔号	交叉跨越	工作任务	联系方式	时间
三组	×××	1. ×× 2. ××	1000kV××线 025-030（DN25-DN30）	运行单位车辆	028号塔右线大号侧第5个次档距	022-023跨220kV××线	3. 组员2：监督走线安全及质量，采集导线上缺陷照片，端次档距离抽检及交叉跨越距离测量	运行单位负责人××：×× ×××××× ×× 施工负责人××：×××× ××××××	20××-××-××

17 号天气：小雪转阴，−16～−2℃，西北风 4～5 级；18 号天气：晴，−15～−5℃，无持续风<3 级

表3-6　　　　　　　登塔组验收计划（示例）

组别	小组负责人	组员	运行杆号（施工桩号）	乘坐车辆	耐张	工作任务	联系方式	时间
一组	××	××	1000kV××线 001-003（DN1-DN3）	施工车辆一	001	一人登塔检查，另一人进行监护。负责抽检杆塔螺栓扭矩、核查跳线复合绝缘子吨位（210kN）、测量引流线长度及引流线对塔身水平距离。 螺栓规格扭矩值（N·m） M16 6.8级 80 M20 6.8级 160 M24 6.8级 280 M24 8.8级 380 M27 8.8级 450 M30 8.8级 600 M33 8.8级 700	运行单位负责人××：×× ××××××× 施工负责人××：×× ×××××××	20××-××-××
二组	××	××	1000kV××线 004-006（DN4-DN6）	施工车辆二	005		运行单位负责人××：×× ××××××× 施工负责人××：×× ×××××××	20××-××-××

16 号天气：晴，−14～−2℃，西南风 4～5 级

表3-7 走线组验收计划（示例）

组别	小组负责人	组员	验收范围	乘坐车辆	端次档距抽检塔号	交叉跨越	工作任务	联系方式	时间
二组	××	××	1000kV××线 015-020 (DN15-DN20)	外委车辆一	018号塔右线大号侧第8个次档距	019-020跨220kV××线1次	负责对全线进行走线检查；重点检查引流线与金具是否存在磨损、导线磨损、防振锤、导线耐张金具绝缘子串、间隔棒消针胶套、压接管质量等，端次档距离抽检及交叉跨越距离测量	施工负责人××：××× ×××××	20××-××-××
三组	××	××	1000kV××线 020-025 (DN20-DN25)	外委车辆二	022号塔左线大号侧第6个次档距	022-023跨500kV××线1次 023-024跨220kV××线1次		施工负责人××：××× ×××××	20××-××-××
三组	××	××	1000kV××线 025-030 (DN25-DN30)	外委车辆三	028号塔右线大号侧第5个次档距	022-023跨220kV××线		施工负责人××：××× ×××××	20××-××-××

17号天气：小雪转阴，-16～-2℃，西北风4～5级；18号天气：晴，-15℃～-5℃，无持续风<3级

表3-8 测量组验收计划（示例）

组别	小组负责人	组员	验收范围	乘坐车辆	工作任务	联系方式	时间
一组	××	××	1000kV××线全线	运行单位车辆	负责全线导地线驰度、交叉跨越距离测量工作	××：×××××× ×××××	20××-××-××

16号天气：晴，-14～-2℃，西南风4～5级；17号天气：小雪转阴，-16～-2℃，西北风4～5级；18号天气：晴，-15～-5℃，无持续风<3级

表3-9 无人机组验收计划（示例）

组别	小组负责人	组员	验收范围	乘坐车辆	工作任务	联系方式	时间
一组	××	××	1000kV××线001-015	运行单位车辆	负责对全线杆塔挂点进行拍照，辅助地面验收工作组对走线组发现的问题进行拍照，弥补地面组盲区，保证验收全方位、无死角	××：×××× ×××××	20××-××-××
二组	××	××	1000kV××线015-030	运行单位车辆		××：×××× ×××××	20××-××-××

17号天气：小雪转阴，-16～-2℃，西北风4～5级；18号天气：晴，-15～-5℃，无持续风<3级

表 3-10 各参建单位配合负责人联系方式（示例）

工程各参建单位配合负责人	参建单位名称	姓名	联系电话	备注
建管单位	××公司	××	××××××××	
施工单位	××公司	××	××××××××	
监理单位	××公司	××	××××××××	
设计单位	××公司	××	××××××××	

6. 验收内容及标准卡

依据的国家、行业及企业标准制定验收内容及标准卡，确保现场验收人员凭借验收标准卡就能掌握需要验收的项目及标准。验收内容主要包含交叉跨越测量、土石方工程、杆塔工程、架线工程、附件安装、跳线、光纤复合架空地线及接地工程 8 个部分。

7. 验收安全措施

分析特高压输电线路项目验收过程中存在的危险因素，并制定相应预控措施。在竣工验收之前召开安全技术措施交底会，确保全体作业人员都能够掌握。

8. 验收组织措施

为保证竣工验收工作高效开展，需制定验收组织措施。提出验收工作要求，制定验收缺陷、影像资料整理规范，明确验收责任，确保文明施工。

（1）验收要求。各参验单位必须制定详细的组织措施、技术措施、安全措施。

每个作业小组必须配备一名专职安全监护人，对作业小组的安全、质量、进度全面负责，专职监护人应佩戴红色袖标等明显标志，认真监督作业人员的安全，严格按照验收方案、验收标准卡的规定进行操作。

验收小组负责人（工作负责人、监护人）必须始终在工作现场，对作业人员的安全认真监护，及时纠正违反安全规程的动作。

按照外委合同，配备足够的现场验收人员、车辆及工器具。

现场验收时配合运维单位做好竣工预验收的初检、复检工作。

外委单位验收人员提前到位，由运维单位负责组织开展验收质量标准和现场安全注意事项培训，确保验收工作保质保量，安全无事故。

（2）信息处理。所有现场检查记录必须按照规定填写相应记录表格，做到详细、准确无疑义，并于当天晚上 8 点之前上交汇总。

工作负责人负责审查现场验收检查人员填写的"缺陷汇总表"，及时按标段、桩号增加序列将缺陷输入计算机，并按照要求汇报验收总结。

验收完毕后，将缺陷汇总表以工作联系单形式打印两份分别交至建设管理单位及施工单位代表签字存档，另交一份电子版缺陷汇总表、缺陷照片给建设管理单位及施工单位，以便对照消缺进行处理，并要求施工单位将消缺情况予以反馈。

（3）责任要求。在验收过程中遇到重大质量问题时，验收单位要与工程建设相关方（设计、建管、施工、监理）进行协调沟通，寻求最佳解决途径，及时消除质量隐患，保障线路投产后安全稳定运行。

认真对工程实物进行质量检查，并详细、准确地在现场做好记录，能用数据记录的一定要用数据记录，杜绝回到驻地做"回忆录"，增加验收记录，测量人、记录人需在记录结尾签名确认，责任到人。

当发现有质量问题时，应再次认真检查、核实，并主动、心平气和地向施工代表反映，倾听他们的合理解释，争取得到他们的确认，以提高缺陷准确率。若有争议时，应保留意见，做好详细记录，留作专项解决。

在开展验收工作期间应自觉遵守有关安全、环境方面的法律法规及公司的相关规定，提高安全、环境保护意识，增强自我保护能力，做到"三不伤害"（不伤害自己，不伤害他人，不被他人伤害）。

（4）文明验收要求。验收人员统一着装，持证上岗。

文明礼貌，胸怀大度，说话得体，不能因存在的一些缺陷而贬损各施工单位。

尊重监理、设计及施工单位，不得提任何与验收无关的要求。

在验收工作中，遇到当地百姓询问，要热情作答，做好护线宣传工作并留下联系方式，为下一步的运行维护工作打好基础。

严禁验收时在线路上留下果皮纸屑、矿泉水瓶、塑料盒等垃圾。

入住旅社要讲究卫生，爱惜旅社设施用品，不乱堆乱放，乱扔垃圾，做文明旅客。

不说影响民族团结的话，不做影响民族团结的事。

9. 工器具及资料

根据验收工作安排，整理验收所需的工器具及资料，在验收工作开始前完成工器具及资料准备、分配，确保各验收小组工作顺利开展。

二、验收前培训

根据验收工作安排，在验收开始前对参与验收人员进行培训，培训内容包括应掌握的法规与规程规范、设计说明书与图纸、缺陷识别与描述。

1. 法规与规程规范

法规与规程规范主要包括《国家电网公司电力安全工作规程（线路部分）》、《架空输电线路运行规程》《×××kV架空送电线路施工及验收规范》，使验收人员全面了解验收过程中的安全措施及验收重点，以达到安全验收和保证验收质量的目的。

2. 设计说明书与图纸

设计说明书与图纸从线路基本情况、地形地貌、金具连接等三个方面进行培训，使验收人员初步了解所验线路的基本情况和验收的具体内容，以保证验收质量。

3. 缺陷识别与描述

缺陷识别与描述应从基础、杆塔本体、绝缘子、金具、导地线、接地装置、附属设施、通道环境等八个方面进行培训，使验收人员全面了解验收过程中所遇到的缺陷并进行准确描述，以达到线路"零缺陷"投运的目标。

第二节 本 体 验 收

本体验收工作内容主要包括本体验收、协同验收、安全监护、质量监督、影像巡视五个方面，下面将对各个方面进行详细阐述。

一、本体验收工作内容

（一）土石方工程验收

1. 验收标准

土石方工程具体验收标准如表 3-11 所示。

表 3-11　　　　　　　　土石方工程验收标准对照表

序号	项目名称	标准	备注
1	土石方工程竣工后情况	基面清理：回填后的施工基面应平整，施工地锚坑应填平，不得出现冲沟、积水现象。坑口的地面上应筑防沉层，防沉层的上部边宽不得小于坑口边宽，其高度视土质夯实程度确定为 300mm，坑口回填土不应低于地面	
		接地沟回填：基础防沉层的高度宜为 300mm，接地沟回填土不应低于地面	
		运行道路，施工期间的道路应保持完好，以便今后运维工作的开展	
		基础结构混凝土表面应光滑无裂纹，无蜂窝、麻面及露筋等	
		基础上下边坡、保护范围、护坡符合设计要求和现场实际，牢固稳定	
		基础截水沟、排水沟符合设计要求和现场实际需要	
		基础、防洪、防碰撞设施符合设计要求	
2	基础保护帽	保护帽强度和尺寸应符合设计要求，保护帽应与塔脚板上部塔材结合紧密表面无裂纹	
		基础保护帽采用 C15 混凝土，混凝土标准立方体抗压强度 f_{cu} 为 15MPa	

2. 验收流程

土石方工程具体验收流程如表 3-12 所示。

表 3-12　　　　　　　　土石方工程验收方法

序号	作业内容	作业工序及标准
		测量防沉层高度
1	测量坑口防沉层高度	用钢卷尺测量坑口防沉层上部到地面的高度 a

序号	作业内容	作业工序及标准
2	测量接地沟防沉层高度	用钢卷尺测量接地沟防沉层到地面的高度 b
3	核算防沉层高度	若 $400mm \leqslant a \leqslant 500mm$，则坑高防沉层高度合格； 若 $100mm \leqslant b \leqslant 300mm$，则接地沟防沉层高度合格
测量基础保护帽强度		
1	测量保护帽回弹值	（1）将弹击杆顶住基础保护帽的表面，轻压仪器，使按钮松开，放松压力时弹击杆伸出，挂钩挂上弹击锤。 （2）使仪器的轴线始终垂直于保护帽的表面并缓慢均匀施压，待弹击锤脱钩冲击弹击杆后，弹击锤回弹带动指针向后移动至某一位置时，指针块上的示值刻线在刻度尺上示出一定数值即为回弹值。 （3）使仪器机芯继续顶住基础保护帽表面进行读数并记录回弹值。如条件不利于读数，可按下按钮，锁住机芯，将仪器移至它处读数。 （4）逐渐对仪器减压，使弹击杆自仪器内伸出，待下一次使用
2	求出基础保护帽强度	将测得的基础保护帽碳化深度输入一体式数显语音回弹仪，得出基础保护帽强度
3	作业结束	工作负责人清点工具和检查作业现场，无误后宣布作业结束

3. 验收杆塔明细

土石方工程验收测量杆塔明细如表 3-13 所示。

表 3-13　　　　　　　土石方工程验收测量杆塔明细

序号	测量项目	测量范围
1	测量防沉层高度	全线
2	测量基础保护帽强度	全线耐张塔

（二）杆塔工程

1. 验收标准

杆塔工程验收标准如表 3-14 所示。

表 3-14　　　　　　　　杆塔验收标准对照表

序号	项目名称	标准	备注
1	一般规定	杆塔各构件的组装应牢固，交叉处有空隙者，应装设相应厚度的垫圈或垫板	
2	当采用螺栓连接构件时，应符合相关规定	（1）按设计要求杆塔螺栓应使用防卸、防松装置。 （2）螺栓应与构件平面垂直，螺栓头与构件间的接触处不应有空隙。 （3）螺母拧紧后，螺杆露出螺母的长度：对单螺母，不应小于两个螺距；对双螺母，可与螺母线平。 （4）螺杆必须加垫者，每端不宜超过两个垫圈。 （5）防盗螺栓安装范围：自杆塔最短腿基础顶面以上10m范围内。 （6）10m高度处的节点或联板均安装防盗螺栓	

双枝主材螺栓穿向示意图：

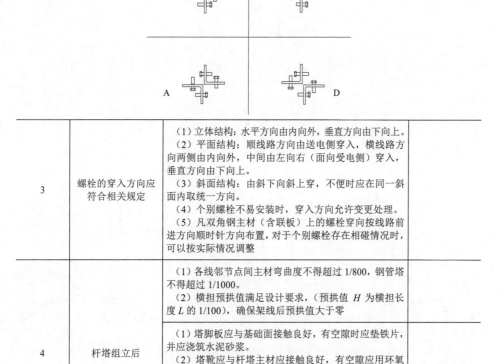

序号	项目名称	标准	备注
3	螺栓的穿入方向应符合相关规定	（1）立体结构：水平方向由内向外，垂直方向由下向上。 （2）平面结构：顺线路方向由送电侧穿入，横线路方向两侧由内向外，中间由左向右（面向受电侧）穿入，垂直方向由下向上。 （3）斜面结构：由斜下向斜上穿，不便时应在同一斜面内取统一方向。 （4）个别螺栓不易安装时，穿入方向允许变更处理。 （5）凡双角钢主材（含联板）上的螺栓穿向按线路前进方向顺时针方向布置，对于个别螺栓存在相碰情况时，可以按实际情况调整	
4	杆塔组立后	（1）各线邻节点间主材弯曲度不得超过1/800，钢管塔不得超过1/1000。 （2）横担预拱值满足设计要求，（预拱值 H 为横担长度 L 的1/100），确保架线后预拱值大于零	
		（1）塔脚板应与基础面接触良好，有空隙时应垫铁片，并应浇筑水泥砂浆。 （2）塔靴应与杆塔主材应接触良好，有空隙应用环氧树脂进行缝隙填充，或按当地运行要求封堵处理	
		（1）杆塔组立后应表面质量良好，锌层不应有破坏，镀锌颜色应基本一致。 （2）表面清洁无明显污物，锈点、锈斑应进行防腐处理	

杆塔组立及架线后，其允许偏差应符合以下规定

续表

偏差项目	一般杆塔	高塔
直线塔结构倾斜（‰）	2.5	1.5
直线塔结构中心与中心桩间横线路方向位移（mm）	50	—
转角塔结构中心与中心桩间横、顺线路方向位移（mm）	50	—

注：直线塔指设计无预倾斜要求的杆塔

杆塔脚钉安装示意图：

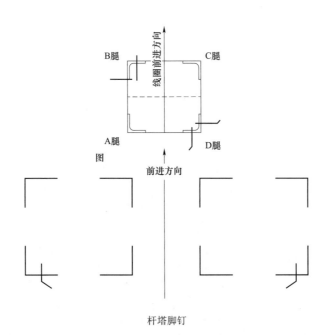

图

杆塔脚钉

注：

1. 杆塔的塔身、塔腿均在 B、D 腿布置脚钉。直线塔（含直线转角塔）地线支架脚钉按左右对称安装，即在正面左、右主材上（A、D 腿，线路前进方向的后侧，只在单面.主材上有脚钉）安装。转角塔地线支架无脚钉。

2. 脚钉从基础顶面以上 1.5m 左右起装，间距一般按 400mm，当某一个脚钉位于节点板上，上下脚钉间距不能满足标准 400mm 时，位置可以适当微调。

3. 单角钢采用左右两角钢肢上交错排列，组合角钢在外角钢的一肢上采用前后或左右交错排列。

4. 塔身的脚钉弯头一律沿主材中心线方向向上；地线支架的脚钉端头一律垂直向上，做到整齐一致。

5. 脚钉垫片安装在螺母紧固侧。脚钉安装、紧固后，弯钩侧不能留有丝扣。

6. 安装防坠落装置的主材上的脚钉丝扣部分需加长。

7. 杆塔螺栓防盗范围内的脚钉应采用防盗脚钉（加装防盗帽）

续表

螺栓规格		扭矩值（N·m）
M16	4.8 级	80
M20	4.8 级	100
M24	4.8 级	250
M16	6.8 级	80
M20	6.8 级	160
M24	6.8 级	280
M16	8.8 级	80
M20	8.8 级	160
M24	8.8 级	280

注：
1. 法兰螺栓采用双帽，外帽预紧扭矩值取上表数值一半；
2. 若发现螺杆与螺母的螺纹有滑牙或螺母的棱角磨损以致扳手打滑的，螺栓应更换；
3. 螺栓防松采用增加一个薄螺母的方式，防松用薄螺母的厚度为螺栓公称直径的一半，详细尺寸见 DL/T 284《输电线路杆塔及电力金具用热镀锌螺栓与螺母》；
4. 防松用薄螺母预紧扭矩取上表数值的一半

上表为"螺栓紧固扭矩标准值"。

杆塔工程竣工	部件规格、数量、表面质量、安装工艺	符合设计、规范要求	经纬仪扭矩扳手钢卷尺	测工、普工、高空人员
	节点间主材弯曲	≤1/750［1/800］节点间长度		
	结构倾斜	一般塔≤2.5‰［2‰］；高塔≤1.5‰［1.2‰］；转角不允许向受力侧倾斜		
	构件、防盗、防松部件	数量齐全、规格符合设计、穿向符合规范要求，螺栓紧固率≥97%		
	防坠轨道	全线均安装防坠轨道	现场检查	—

2. 验收流程

杆塔工程验收流程如表 3-15 所示。

表 3-15　　　　杆塔工程验收工器具准备明细表

序号	作业内容	作业工序及标准
一	杆塔倾斜度测量	
1	架设仪器	（1）经纬仪安置在线路中线和通过塔位中心桩的线路垂线方向上（转角塔仪器安置在线路转角二等分线和二等分线的垂线上），也可以在杆塔的正面及侧面透视前后主材、斜材，如线重合时，在此方向上估略确定安置仪器的位置。 （2）仪器距塔的距离为 60～70m

序号	作业内容	作业工序及标准
2	观测操作	a、b、c 分别为正面横担、平口、接腿的中点，a′、b′、c′ 分别为横担、平口、接腿断面的中心点。如果杆塔结构无倾斜现象时，仪器在塔的四侧观测 a、b、c 和 a′、b′、c′ 时，各应在一条竖直线上。根据不同的杆塔结构，测量方法有两种，具体如下： 　　当杆塔接腿、平口有水平交叉斜材时，仪器安置在线路中线上，望远镜瞄准横担中点 a，固定上下盘，然后俯视接腿 c 点，如视线不与 c 点重合，而落于 c1 点上，量出 c 点至 c1 间的距离 Δx，Δx 即杆塔正面向 AB 侧的倾斜值。再将仪器移到杆塔的侧面（通过塔位中心桩与线路中线的垂线）望远镜瞄准横担中心点 a′，固定上下盘，然后俯视接腿 c′ 点，如视线不与 c′ 点重合，而偏于 c2，量出 c′ 与 c2 间的距离 Δy，Δy 就是杆塔向 AD 侧的倾斜值。整基杆塔结构倾斜度按下式计算： $$杆塔倾斜度 = \frac{\sqrt{\Delta x^2 + \Delta y^2}}{h} \qquad (1)$$ 其中，h 为自横担中心至接腿中心的垂直距离。 　　当杆塔结构在平口、接腿处没有水平交叉斜材时，此情况下，杆塔中点是不易找到的，应分别测出杆塔四侧的倾斜值，以平均值法计算出整基杆塔结构倾斜值。仪器分别安置在杆塔正面前后位置上，望远镜瞄准横担中点 a，然后俯视接腿水平铁中心 c，如视线都不与 c 点重合而偏于 c1、c2，量出其偏差值 d_1、d_2；再将仪器移到杆塔的两侧，依同法测出其侧面偏差值 d_3、d_4。依下列各式计算正、侧面及整杆塔结构的倾斜值： $$正面倾斜值 \quad \Delta x = \frac{1}{2}(d_1 - d_2) \qquad (2)$$ $$侧面倾斜值 \quad \Delta y = \frac{1}{2}(d_3 - d_4) \qquad (3)$$ 当偏差值在接腿中点同侧时，结构倾斜值应线加除以 2。 整基杆塔结构倾斜值按式（1）计算
3	现场核算	对所观测的进行复测核对，核对无误后方可计算结果，记录在案
4	作业结束	工作负责人清点工具和检查作业现场，无误后宣布作业结束
二	螺栓紧固扭矩测量	
1	组装	将扳手与要测量的螺栓相适应的套筒正确连接
2	测量	（1）根据工件所需扭矩值要求，确定预设扭矩值。 （2）预设扭矩值时，将扳手手柄上的锁定环下拉，同时转动手柄，调节标尺主刻度线和微分刻度线数值至所需扭矩值。调节好后，松开锁定环，手柄自动锁定。 （3）在扳手上方榫上装上相应规格套筒，并套住紧固件，再在手柄上缓慢用力。施加外力时必须按标明的箭头方向。当拧紧到发出信号"卡嗒"的一声（已达到预设扭矩值），停止加力，一次作业完毕。 （4）大规格扭矩扳手使用时，可外加接长套杆以便操作省力。 （5）如长期不用，调节标尺刻线退至扭矩最小数值处
3	现场核算	对所观测的进行复测核对，核对无误后与标准扭矩表比照，记录在案
4	作业结束	工作负责人清点工具和检查作业现场，无误后宣布作业结束

3. 验收杆塔明细

杆塔程验收杆塔明细如表 3-16 所示。

表 3-16　　　　　杆塔工程验收杆塔明细表

序号	测量项目	测量范围
1	杆塔倾斜度测量	对登杆和走线人员发现有怀疑的杆塔进行测量
2	螺栓紧固扭矩测量	全线耐张塔

（三）架线工程

1. 验收标准

架线工程验收标准如表 3-17 所示。

表 3-17　　　　　架线验收标准对照表

导线或架空地线在跨越档内接头应符合设计规定				
项目	铁路	公路	电车道（有轨或无轨）	不通航河流
导线或架空地线在跨越档内接头	标准轨距：不得接头　窄轨：不限制	高速公路、一级公路：不得接头；二、三、四级公路：不限制	不得接头	不限制
项目	特殊管道	索道	电力线路	通航河流	弱电线路
导线或架空地线在跨越档内接头	不得接头	不得接头	110kV 及以上线路：不得接头；110kV 以下线路：不限制	一、二级：不得接头；三级及以下：不限制	不限制

放紧线施工			
序号	项目名称	标准	备注
1	放线架线一般要求	导线磨损的处理规定	
		架空地线采用镀锌钢绞线时，出现断股及金钩、破股等形成的永久变形均应割断重接	
		不同金属、不同规格、不同绞制方向的导线或架空地线严禁在一个耐张段内连接	
		导线及架空地线的连接部分不得有线股绞制不良、断股、缺股等质量问题。连接后管口附近不得有明显的松股现象	
2	接续管及耐张管压后应检查其外观质量，并应符合相关规定	使用精度不低于 0.02mm 的游标卡尺测量压后尺寸，其允许偏差导线压接必须符合《1000mm² 大截面导线压接工艺指导性技术文件（试行）》的规定；地线压接必须符合《输变电工程架空导线及地线液压压接工艺规程》（DL/T 5285—2013）的规定	
		飞边、毛刺及表面未超过允许的损伤应锉平并用不粗于 0 号砂纸磨光	

放紧线施工			
序号	项目名称	标准	备注
2	接续管及耐张管压后应检查其外观质量，并应符合相关规定	弯曲度不得大于 2%L（L 为接续管长度），超过 2%L 尚可校直时应校直，校直后的接续管严禁有裂纹，如有裂纹应割断重接	
		裸露的接续钢管压后应涂防锈漆	
3	在一个档距内每根导线或架空地线上只允许有一个接续管并应满足相关规定	接续管与耐张线夹出口间的距离不应小于 15m	
		接续管与悬垂线夹中心的距离不应小于 5m	
		接续管与间隔棒中心的距离不宜小于 0.5m	
4	紧线工程紧线弧垂在挂线后应随即在该观测档检查，其弧垂允许偏差应符合相关规定	一般情况下允许偏差不应超过±2%	
		跨越通航河流的大跨越档弧垂允许偏差不应大于±1%，其正偏差不应超过 1m	
		导线或架空地线各极间的弧垂应力求一致，各极间弧垂的线对偏差最大值不应超过下列规定	
		一般情况下极间弧垂允许偏差为 300mm	
		大跨越档的相间弧垂最大允许偏差为 500mm	
		同相分裂导线的子导线的弧垂应力求一致，其子导线的弧垂允许偏差为 50mm	
5	重点检查碳纤维导线压接处及卡线器标记点	检查卡线器临锚处、压接出口处导线是否起股、金钩、断股等	

2. 验收流程

架线工程验收流程如表 3-18 所示。

表 3-18 架 线 工 程 验 收 流 程

序号	作业内容	作业工序及标准
一		测量接续管及耐张管对边距和弯曲度
1	观测操作	1. 使用游标卡尺测量压接边距 S_1； 2. 利用公式：$S = 0.866 \times 0.993D + 0.2$； 3. 比较 $S = S_1$ 为压接对边距尺寸合格； 4. 将水平尺靠在接续管或耐张管； 5. 用钢卷尺测量接续管或耐张管的长度 L； 6. 用钢卷尺测量接续管弯曲部位到水平尺的距离 s； 7. 计算允许弯曲度 $c = 2\%L$

序号	作业内容	作业工序及标准
2	核算弯曲度	比较 s 与 c，若 $s<c$，则接续管弯曲度合格，若 $s>c$，则接续管弯曲度不合格
二	测量接续管与耐张线夹出口、间隔棒中心的距离	
1	测量操作	（1）用钢卷尺量接续管到耐张线夹出口的距离 a； （2）用钢卷尺量接续管到间隔棒中心的距离 b
2	核算距离	（1）比较 a 与 15m，若 $a>15m$，则接续管满足规定，若 $a<15m$，则接续管不满足规定； （2）比较 b 与 0.5m，若 $a>0.5m$，则接续管满足规定，若 $c<0.5mm$，则接续管不满足规定
三	测量接续管与悬垂线夹中心、间隔棒中心的距离	
1	测量操作	（1）用钢卷尺量接续管到悬垂线夹中心的距离 a； （2）用钢卷尺量接续管到间隔棒中心的距离 b
2	核算距离	（1）比较 a 与 5m，若 $a>5m$，则接续管满足规定，若 $c_2<5m$，则接续管不满足规定； （2）比较 b 与 0.5m，若 $a>0.5m$，则接续管满足规定，若 $c<0.5m$，则接续管不满足规定
四	测量导地线弧垂（档外法）	
1	观测操作	（1）在被观测档选出易于观测的塔号作为观测站； （2）到达观测站后，取出温度计置于向阳通风处； （3）在该观测档外导线正下方将经纬仪架平； （4）将卡尺立在 A 杆塔导线悬挂点下方，测出经纬仪与 A 杆塔水平距离 L_1；A、B 塔档距为 L_2； （5）测出 A 杆塔导线悬挂点垂直角 α，B 杆塔导线挂点垂直角 β； （6）旋转望远镜朝观测档，使中丝与该项导线线切，测得垂直角 γ； （7）记录当时的温度； （8）用下式计算出导线弧垂：$$a = l_1(\tan\alpha - \tan\beta)$$ $$b = (l_1 + l_2)(\tan\beta - \tan\gamma)$$ $$f = \frac{1}{4}(\sqrt{a} + \sqrt{b})^2$$ （9）重复步骤（3）～（7）测量导线弧垂； （10）确定结果无误后，将结果填入表格，拆下仪器装箱
五	测量导地线弧垂（档端法）	
1	观测操作	（1）在被观测档选出易于观测的塔号作为观测站。 （2）到达观测站后，取出温度计置于向阳通风处。 （3）在杆塔某线导线悬挂点地面垂直投影点架平仪器。 （4）立塔尺于基础顶面（不等高基础应立于呼称高起始的基础顶面），用水平视距测量法测量基础顶面至横轴中心的垂直高度 i 值。 （5）旋转望远镜朝观测档观测，使中丝与该线导线底部线切，测得垂直角 α_1。继续旋转望远镜，使中丝上至对面杆塔同侧地线的悬挂点，测得垂直角 α_2。 （6）记录当时的温度。 （7）用下式算出地线的弛度 $$f = \frac{1}{4}\left[\sqrt{a} + \sqrt{L(\tan\alpha_2 - \tan\alpha_1)}\right]^2$$

序号	作业内容	作业工序及标准
1	观测操作	式中： a——导线悬挂点到仪器横轴中心的垂直高度（取决于杆塔结构高度、导线连接金具的悬挂长度和经纬仪架起的高度 i 值）； L——观测档的档距； α_1——导、地线切角（仰角为正，俯角为负）； α_2——悬挂点切角（仰角为正，俯角为负）。 （8）分别在另外两线导线的悬挂地面垂直投影点架平仪器，重复步骤 4～7 分别测出这两线导线的弛度。 （9）确定结果无误后，将结果填入表格，拆下仪器装箱
2	核算限距	（1）在测量交叉跨越距离的同时，利用三角测距法测出交叉跨越点至跨越档就近塔位的水平距离 l_1。 （2）测出跨越档的导线弧垂 f。 （3）根据《1000kV 输电线路运行维护规程》规定的跨越物的限距最高温度，按下式计算交叉跨越处的弧垂增量。 $$\Delta f' = \left[\sqrt{f^2 + \frac{3l^4}{8l_{db}}(t_m - t)\alpha} - f \right] \times \frac{4l_1}{l}\left(1 - \frac{l_1}{l}\right)$$ 式中： $\Delta f'$——计算交叉跨越处的弧垂增量，m； f——交叉跨越档导线在测量时的弛度，m； l——交叉跨越档档距，m； l_{db}——该耐张段导线的规律档距，m； t_m——最高温度，℃； t——观测时温度，℃； α——导线的膨胀系数。 （4）按公式 $H_{min} = H - \Delta f'$，计算最小交叉跨越距离 H_{min}，核对是否符合规程要求
3	现场核算	对所观测的数据进行复测核对，核对无误后方可计算结果，记录在案
4	作业结束	工作负责人清点工具和检查作业现场，无误后宣布作业结束

3. 验收杆塔明细

以某 1000kV 线路耐张压接管、直线接续管验收杆塔明细为例，如表 3-19 所示。

表 3-19 　　　　　耐张压接管、直线接续管验收杆塔明细表

压接管位置		线别	压接管型号	相别	线别	备注
运行杆塔号	施工杆塔号					
001	DN1	左中右	NY-JLRX/F1A-550/45A（B1/B2）	ABC	1、2、3、4、5、6、7、8	
005	DN5	左中右	NY-JLRX/F1A-550/45A（B1/B2）	ABC	1、2、3、4、5、6、7、8	

续表

压接管位置		线别	压接管型号	相别	线别	备注
运行杆塔号	施工杆塔号					
009	DN9	左中右	NY－JLRX/F1A－550/45A（B1/B2）	ABC	1、2、3、4、5、6、7、8	
018	DN18	左中右	NY－JLRX/F1A－550/45A（B1/B2）	ABC	1、2、3、4、5、6、7、8	
021	DN21	左中右	NY－JLRX/F1A－550/45A（B1/B2）	ABC	1、2、3、4、5、6、7、8	

（四）附件安装

1. 验收标准

附件安装验收标准如表 3－20 所示。

表 3－20　　　　　　附 件 安 装 验 收 标 准

序号	项目名称	标准	备注
1	绝缘子	应逐片（串）进行外观检查，每串瓷绝缘子每隔 9 片采用 1 片深色绝缘子	
		碗头、球头与弹簧销子之间的间隙允许范围 2～5mm	
		有机复合绝缘子伞套的表面不允许有开裂、脱落、破损等现象	
		绝缘子的芯棒与端部附件不应有明显的歪斜	
		金具的镀锌层有局部碰损剥落或缺锌，应除锈后补刷防锈漆	
		严禁踩踏有机复合绝缘子上下导线	
		分节复合绝缘子中间连接偏心板安装方向保持偏心侧朝下，以便分节复合绝缘子风偏卸载变形方向与其重力方向保持一致	
		悬垂线夹安装后，绝缘子串应垂直地平面，个别情况其顺线路方向与垂直位置的最大偏移值一般不应超过 200mm	
		高山大岭导线悬垂绝缘子串最大偏移值应不超过 300mm。连续上（下）山坡处杆塔上的悬垂线夹的安装位置应符合设计规定	
	盘形瓷绝缘子颜色与间隔	绝缘子颜色，线路左极使用棕色（间隔瓶用浅色）	
		右极使用浅色（间隔瓶用棕色）	

序号	项目名称	标准	备注
1	复合绝缘子	结构高度、电弧距离、爬电距离的测量和铁帽（球窝）、钢脚（球头）的通止量规检查	
	瓷绝缘子间隔瓶组合规定	直线 V 型串和耐张绝缘子串均采用 "9+1+9+1……" 的组合方式	
		即从横担侧起，其中 "9" 为 9 片主要色调绝缘子；"1" 为 1 片间隔绝缘子，依次向导线侧排列	
	盘形绝缘子大口朝向	绝缘子大口均朝电源侧，使 R 型销子时，绝缘子大口均向受电侧	
	螺栓、销子穿向	（1）绝缘子串上的弹簧销子由电源侧向受电侧穿入； （2）使用 W 型销子时，顺线路方向穿入者由电源侧向受电侧穿入，特殊情况可由外向内穿入； （3）垂直方向由上向下（包括 V 型串斜面）； （4）分裂导线悬垂线夹销钉、螺栓均由线束外侧向内穿入	
	碗头挂板（环）大口朝向	（1）使用 W 型销子时：大口均朝上； （2）使用 R 型销子时：大口朝下； 注：合成绝缘子无大口朝向外，其余参照上述规定执行	
	直线塔地线悬垂串	（1）螺栓、销子穿向：凡能顺线路方向穿入者一律由电源侧向受电侧穿入； （2）横线路方向由内向外（即塔身内向外）	
	导线耐张绝缘子串	（1）盘形绝缘子大口朝向：使用 R 型销时，瓷瓶大口朝下； （2）使用 W 型销时，瓷瓶大口朝上； （3）螺栓、销子穿向：垂直方向一律由上向下穿；水平方向由线束外侧向内对穿； （4）三联串的中串向塔身外穿	
	碗头挂板大口朝向	（1）使用 W 型销时，大口朝线束外侧； （2）使用 R 型销时，大口朝线束内侧； （3）以上包括三联串的两个外侧串； （4）三联串的中串上的碗头挂板大口朝塔身外侧	
	地线耐张串的螺栓、销子穿向	垂直方向一律由上向下，水平方向由塔身内向外穿	
2	均匀环、屏蔽环开口方向	均压环、屏蔽环外表有明显凹凸时不得安装	
		耐张串均压环上、下距离一致	
		固定环体的支撑杆要有足够的强度，固定螺栓紧固要满足要求	
		施工验收时要逐基塔、逐串检查耐张均压环、屏蔽环的外观情况	

续表

序号	项目名称	标准	备注
2	均匀环、屏蔽环开口方向	直线塔 V 型串：均压环的开口向内，即向上安装	
		耐张塔绝缘串：均压环、屏蔽环开口方向与引流方向相同，即朝下	
3	金具螺栓	各种螺栓、销针穿向要符合要求、金具上所用闭口销的直径必须与孔径线匹配且弹力适中	
		导线、地线直线串及耐张金具螺栓穿向（含跳线串的合成绝缘子）： （1）挂线点螺栓穿向。 （2）单串：两边线由内向外（含跳线串）。 （3）双串：由送电侧向受电侧穿（小号向大号方向，包括直线串）。 （4）串体部分的螺栓：顺线路方向的，由送电侧向受电侧穿。横线路方向的，两边线由内向外传穿。 （5）线夹框体部分的螺栓：向框体内穿（即线对穿）。 （6）凡水平方向的螺栓：一律向中心穿（即线对穿）。 （7）凡垂直方向穿的螺栓，一律由上向下穿。 （8）导线引流板螺栓穿向：从上斜面向下斜面穿（既从塔身向线路方向穿）。 （9）导线防振锤、（小头向塔身、大头向线路弧垂）螺栓穿向从线路外侧向线路内侧穿入（两相线对穿）。 （10）避雷线防振锤（没有大小头）。螺栓由线路外侧向内侧穿； （11）绝缘子瓶口方向。 （12）直线垂直绝缘子双串的瓶口：为了工艺的统一，金具碗口、复合绝缘子串瓶口、均采取对装，（既口对口）单串（碗口向大号）向大号侧穿。 （13）耐张串绝缘子串的瓶口方向：绝缘子大瓶口一律向下。 （14）弹簧销子、穿钉。 （15）耐张串绝缘子的弹簧销子、穿钉一律由上往下穿。 （16）悬垂串上的弹簧销子、穿钉、螺栓一律向受电侧穿入，特殊情况两边线穿钉、螺栓由内向外穿（即线对穿）。 （17）分裂导线上的穿钉、螺栓一律由线束外侧向内穿。 （18）R 型销子穿入方。 （19）凡水平方向穿的螺栓上的 R 型销子，一律由上往下穿。 （20）凡垂直方向穿的螺栓上的 R 型销子，一律由送电侧向受电侧穿。 （21）金具上的 R 型销子的直腿侧开口 30°～40°	
		附件安装及导地线调整后，如金具串倾斜超差应及时调整	
4	防振锤	防振锤外表无锈蚀、无污物、锤头与挂板成一平面	
		防振锤在导向上应自然下垂、锤头与导线应平行、并与地面垂直	
		防振锤分大小头时，朝向和螺栓穿向按要求统一	
		铝包带顺外层线股绞制方向缠绕，露出线夹≤10mm，端头应压在线夹内	

续表

序号	项目名称	标准	备注
4	防振锤	预绞式防振锤，缠绕预绞丝时应两端整齐，并保持原预绞形状	
		导、地线防振锤安装距离起算点说明： （1）防振锤的安装以线夹出口处为基准点，当导地线悬垂线夹加装护线条或地线悬垂线夹采用预绞式时，其相应的基准点向档中移动 0.4m； （2）导线、OPGW 防振锤安装距离分别为 1.77m 和 0.6m，导线两个或两个以上的防振锤按等距离安装、OPGW 两个或两个以上的防振锤按 1m 等距离安装	
	防振锤螺栓穿向及位置	分裂导线上防振锤的穿钉/螺栓一律由线束外侧向内穿入	
		地线和光缆的防振锤，采用有大小头（即不等臂型式）的，按 A、B 型区分，安装时大头朝档内、小头朝塔身侧	
		导、地线防振锤的安装位置确定，安装距离起算点及安装距离按照设计图纸复测	
5	间隔棒	间隔棒的结构面与导线垂直	
		各种螺栓、销针穿向应符合要求，金具上所用闭口销的直径必须与孔径线匹配且弹力适中，间隔棒夹口的橡胶垫安装要到位	
		间隔棒安装位置遇有接续管或补修管时，应在安装距准许误差范围内进行调整，使其保持与接续管或补修管 0.5m 以上距离	
		导线间隔棒安装位置，两极间位置线对基本一致，间隔棒平面与导线垂直	
		耐张塔第一个间隔棒安装尺寸严格执行设计规定的次档距，第二个起以内角侧档距为准确定间隔棒位置，外侧与内侧尽量对齐	
		间隔棒安装距离起算点说明： （1）直线塔以直线塔中心桩起算； （2）耐张塔以导线耐张串线夹出口处起算，耐张塔前后侧安装线长应为档距内实际线长减去耐张串长度及耐张塔跳线横担宽度，耐张塔塔身加串长按 20m 考虑	
		转角塔塔身侧间隔棒安装时，三相导线间隔棒安装应在一条直线上，安装美观	
		间隔棒上的销钉由小号向大号侧穿入	
		间隔棒的穿钉/螺栓一律由线束外侧向内穿入	
6	标识牌	符合国家电网企管〔2016〕651 号 国家电网公司关于印发《1000kV 交流架空输电线路检修规范》等 13 项技术标准的规定	

续表

序号	项目名称	标准	备注
7	防鸟刺	数量要求： （1）直线塔（每基杆塔安装 28 支）：边线安装 4 支；中线每层安装 8 支，共 16 支；地线（光缆）支架安装 2 支。 （2）耐张塔：每个跳串上方安装 4 支	

2. 验收流程

附件安装验收流程如表 3-21 所示。

表 3-21　　　　　　　　附件安装验收流程

序号	作业内容	作业工序及标准
一	测量防振锤安装距离	
1	测量操作	（1）登塔携带测量工具登至作业点； （2）用钢卷尺测量线夹出口处到第一个防振锤中心点的距离 a； （3）若有两个及以上防振锤，测量相邻两个防振锤中心点的距离 b
2	核算安装距离	若 a 为 1.88m，b 为 1.35m，则防振锤安装距离合格
二	测量间隔棒安装距离	
1	测量操作	两个人在地面上分别站在待测的两根间隔棒的正下方，其中一个人手持激光测距仪向另外一个人打点，在激光测距仪上读得两个间隔棒的距离
2	核算距离	按照导线间隔棒及导地线防振锤安装数量明细表核对间隔棒安装距离
3	现场核算	对所观测的数据进行复测核对，核对无误后方可计算结果，记录在案
4	作业结束	工作负责人清点工具和检查作业现场，无误后宣布作业结束

3. 验收杆塔明细

以某 1000kV 线路附件安装验收杆塔明细为例，如表 3-22 所示。

表 3-22　　　　　　　　附件安装验收杆塔明细表

运行杆号	塔位桩号	档距	间隔棒数量	次档距布置情况	防振锤个数（个）	
					导线	OPGW
001	DN1	582	12	28－45－50－45－49－44－49－47－52－47－52－47－27	0	8
002	DN2					

续表

运行杆号	塔位桩号	档距	间隔棒数量	次档距布置情况	防振锤个数（个）	
					导线	OPGW
002	DN2	520	11	28－44－48－44－48－43－46－50－46－50－46－27	0	8
003	DN3					
003	DN3	421	9	28－43－47－42－46－50－44－49－45－27	0	4
004	DN4					
004	DN4	607	13	28－43－47－42－46－42－46－50－45－50－45－50－46－27	48	8
005	DN5					
005	DN5	515	11	28－44－48－43－47－43－46－49－45－50－45－27	0	8
006	DN6					
006	DN6	593	12	28－46－51－46－50－45－50－48－53－48－53－48－27	0	8
007	DN7					
007	DN7	486	10	28－45－50－45－49－45－52－46－52－47－27	0	4
008	DN8					

二、协同验收

地面验收人员应配合走线验收工作：对走线验收发现问题进行拍照，采集导地线挂点、导地线防振锤、导线间隔棒、整串绝缘子照片。

负责全线通道情况检查，采集线路通道内的其他线路、房屋、道路、建筑物和树木照片。

三、安全监护

对验收人员进行监护，监督验收工作的安全。

1．防高空坠落安全监护

验收人员应正确使用个人劳动防护用品，高处作业人员应衣着灵便，穿软底鞋，并正确佩戴个人防护用品。

验收人员在登塔检查时，应使用有后备绳的双控背带式安全带，安全带的挂钩或绳子应挂在结实牢固的构件上，并采用高挂低用的方式，上下杆塔过程中，应沿脚钉或爬梯攀登必须使用防坠滑块；在间隔大的部位转移作业位置时，手不得沿单根构件上爬和下滑，多人上下同一杆塔时，应逐个进行，严禁利用绳索或拉线上下杆塔。

安全带（绳）应挂在牢固的构件上或专为挂安全带用的钢丝绳上，安全带不得低挂高用，禁止系挂在移动或不牢固的物件上；上横担进行验收前，应检查横担联结是否牢固，检查时安全带（绳）应系在主杆或牢固的构件上。

在杆塔上验收时，安全带和保护绳应分挂在杆塔不同部位的牢固构件上，应防止安全带从杆顶脱出或被锋利物损坏，人员在转位时，手扶的构件应牢固，且不得失去后备保护绳的保护。

在相分裂导线上工作时，安全带（绳）应挂在同一根子导线上，后备保护绳应挂在整组相导线上。

在验收现场，工作人员不得站在作业区正下方，高空落物区不得有无关人员通行或逗留。在行人道口或人口密集区，验收点下方应设围栏或其他保护措施。

在5级及以上的大风、雪、大雾等恶劣天气下，应停止露天高处作业。

使用软梯上下导线时，必须使用速差保护器，软梯上只准一人上下并设专人监护。

根据现场工作经验，耐张塔玻璃绝缘子存在自爆现象，现场验收地面工作人员验收耐张塔时注意做好防止绝缘子自爆产生的碎片掉落伤人的安全措施。

2. 防感应电安全监护

验收前，各验收小组长应每天与施工单位负责人联系，确认拟验收杆塔与其他线路交叉及平行架设情况，并将情况告知全体验收人员，施工单位负责人必须由熟悉现场情况的有经验的人员担任。

本工程验收走线测量交叉跨越和测量跳线距离时，应用专门的绝缘绳进行测量或用专业测量仪器进行测量，严禁用普通绳进行测量，防止接碰带电体。

3. 行车安全措施

冬季霜多、雾多、雪多、气温低，环境复杂，对行车安全有较大影响。驾驶人员应加强冬季驾驶的知识和技能的学习，做到防冻、防滑、防事故，切忌在冬季仍以其他季节的驾驶习惯行车。

验收出行前，提前通过电视、广播、网络等方式掌握路况信息，提前做好应对准备。

雪天行车一定要严格控制车速，并保持平稳，不可突然加速或减速，严禁空挡滑行。行驶中最好多采用预防性措施，少用制动，如遇情况，要采用不分离发动机的制动法或间断制动，不可使用紧急制动，以免发生侧滑。

在雾天行车需注意做到：降低车速，使制动距离小于驾驶员的可见距离。充分利用各种车灯（如雾灯、尾灯、应急灯）提高自身车辆的视认性。增大跟车距离，防止发生追尾事故。平稳制动，防止侧滑。

行车中全车人员应系安全带，车辆应更换雪地胎，必要时装防滑链。

4. 防寒保暖安全监护

做好冬期验收的物资准备工作。冬期里每遇寒流袭击时，气温将急骤下降，此时要注意长、短期天气预报，及时掌握气温变化情况，合理安排验收计划。

现场各作业人员应采取相应的防冻防滑措施，在各作业面及时清除积水、浮冰、霜雪、以防止员工在作业时摔倒造成伤病。

注意着装保暖，在室外扎紧袖口、裤口、领口，放下帽耳，戴好手套。

5. 其他安全注意事项

坚持"班前会"制度，每天出工前召开班前会；同时各验收小组组长组织开展"三检查"工作，每日验收开工前，交代当天验收内容、危险点、安全措施等。

各验收小组在本工程验收过程中，验收人员应识别好验收杆塔号，防止误登杆塔行为。各验收小组必须有施工单位熟悉现场情况人员带领。

每小组应做好次日验收准备工作（施工配合人员、工作任务、安全措施、工器具等）。

每小组现场监护人员应履行安全监护工作，如发现存在安全问题，应立即督促验收人员停止工作，确保人身安全。

发现现场验收人员身体不适、有酒气、精神不振、精力不集中等异常现象时，禁止参加验收工作。

验收工作危险点分析及预控措施如表 3-23 所示。

表 3-23　　　　　验收工作危险点分析及预控措施（示例）

序号	危险点	防范类型	预控措施
1	误登带电线路，造成人身触电	触电	验收前工作负责人要向全体验收人员认真宣读工作内容，明确工作线路
2	验收线路与带电线路临近、平行、跨越，因感应电压的存在，易发生人身触电	触电	（1）验收线路与带电线路临近、平行、跨越高压输电线路，可能存在感应电压时，应加挂接地线； （2）要求施工方对挂设的接地线有专人看护，防止接地线在验收过程中脱落或被误拆除
3	使用有金属丝的皮尺、线尺进行交叉跨越测量时，可能碰及低压电力线路，造成触电事故	触电	严禁有金属丝的皮尺、线尺进行交叉跨越的测量
4	新线路尚未安装杆号牌，临时杆号标识不清，可能造成人员误登杆塔	触电	要求施工单位按照要求在杆塔 A 腿上张贴施工桩号、运行桩号牌防止人员误登杆塔
5	人员登杆验收未使用个人保安线	触电	严格验收人员登杆验收应使用个人保安线，防止工作线路的感应电伤害
6	验收资料提供不全，对验收线路交叉跨越情况不熟悉	触电	严格项目验收启动的资料要求，确保验收前熟悉线路情况
7	攀登杆塔时由于脚钉松动、缺材等，攀爬中未抓主材或没有抓稳踏牢，易发生高空坠落	高处坠落	作业人员攀登杆塔、杆塔上转位及杆塔上作业时，手扶的构件应牢固，不准失去安全防护，并防止安全带从杆顶脱出或被锋利物损坏
8	杆上作业时，安全带没有系在牢固构件上或没有系好安全带，易发生高空坠落	高处坠落	（1）高处作业人员在作业过程中，应随时检查安全带是否挂牢； （2）高处作业人员在转移作业位置时不准失去安全带防护
9	下绝缘子串时，使用的软梯可能因为突然受力松脱、断裂，造成高空坠落	高处坠落	（1）工作负责人、专责监护人应始终在工作现场，对工作班人员的安全进行认真监护，及时纠正不安全的行为； （2）软梯使用前应经过外观检查及冲击试验，合格后方可使用； （3）使用软梯时应有有效的防坠落措施
10	手持工具、相机等器材登杆塔或在杆塔上移位，可能造成高空坠落	高处坠落	转移作业位置时不准失去安全防护；所带工具、器材应装入工具袋内
11	（1）在线分裂导线上验收，安全带、后备绳未系或未按规范挂系，可能造成高空坠落 （2）人员进出耐张塔绝缘子串未使用引桥或抛绳，易发生高坠	高处坠落	在线分裂导线上工作时，安全带、绳应挂在同一根子导线上，后备保护绳应挂在整组线导线上
12	接地电阻测量触电	触电	（1）雪天严禁测量杆塔接地电阻，解开和恢复接地线时，应戴绝缘手套，严禁接触与地断开的接地线； （2）测量前应确保接地探针与接地测试线安装完好，安装人员撤至安全距离后，方可进行接地电阻的测量

续表

序号	危险点	防范类型	预控措施
13	测量过程中人员安全	其他伤害	弧垂测量或接地测量应勘查现场地线,位于交通道路中应有围栏等防护措施,人员站位应处于有利的地形,在山中、树丛中施放仪器电相应查看地线,防止跌入深坑或遭遇毒蛇、马蜂的伤害
14	危险气候条件	其他伤害	遇有大风、雪天气不得登杆作业;线路所处范围内有雪天气时不得开展接地电阻测试
15	塔上作业时有坠物风险	物体打击	现场人员必须戴安全帽,高空坠物区范围内不得逗留

四、质量监督

于工程开工前向业主项目部提交需要参与的关键环节验收、旁站监督和质量抽查项目清单,业主项目部在施工节点临近一周前通知运检单位。运检单位应按照公司相关规定和抽查项目清单,跟踪工程进度和质量,做好记录并及时归档,提出优化意见和建议。

在工程开工后组织生产准备人员,全方位、全过程开展旁站质量监督工作。实行生产准备主人制,明确生产准备第一责任人,负责旁站质量监督工作。重点跟踪基础施工、导线压接等隐蔽工程施工现场,进行旁站质量监督,严把质量关,发现并督促缺陷整改。加强痕迹管理和过程管控,坚持与业主项目部、监理单位沟通使用"工作联系单",建立缺陷处理闭环机制。重视通道清理质量,参与"五方签证",避免通道遗留问题给线路日后运维带来隐患。

五、验收影像采集

在现场验收过程中,本体验收主要使用高倍率数码相机采集设备影像资料开展验收工作。下文中验收工具使用用于指导开展特高压设备影像验收的工具选择及使用;标准化影像采集流程明确了工作人员的职责,并可以指导竣工(预)验收工作;影像照片查看方法明确了影像资料查看重点及问题甄别,用于指导工作人员准确、有效地发现问题并上报问题;影像照片汇总标准明确了多小组分区段工作的影像资料归档模板,用于指导工作人员建档汇总工作。

1. 验收工具使用

杆塔设计越来越高，大部分位于野外地形地貌各异，且受杆塔高度影响，验收人员使用的一般望远镜（倍数各异，多为 50 倍）无法满足验收要求，光学变焦相机较望远镜适用于特高压输电线路日常巡视及竣工验收工作。以某 83 倍光学变焦相机为例，拍摄照片如图 3－2 所示。

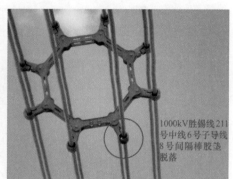

1000kV胜锡线211号中线6号子导线8号间隔棒胶垫脱落

图 3－2　某 83 倍光学变焦相机拍摄缺陷照片（示例）

相机巡视实用设置、使用注意事项：

第一，线路巡视拍照时一般使用"显示屏"观察拍照对象，所以需要将"菜单"中"🔧"里的"自动切换 EVF"项设置为"OFF"。否则，头部遮挡取景窗处感应部件时会出现显示屏变黑的现象，影响拍照。

第二，为满足巡视拍照的清晰度，需要将照片分辨设置到最高，即将"菜单"中"设置"项内容"图像尺寸"设置为"16M"。

第三，线路巡视拍照的相机模式常选择"📷"制动模式或"P"程序自动模式。

第四，结合现场天气、光线强弱，适当设置"曝光补偿"数值。可通过"OK"键的右侧键打开，然后再用"OK"键的上、下侧键调节数值。

第五，巡视时先将相机绳带挂于颈部，防止相机坠落损坏，然后轻按快门对焦并移动至巡视目标处，用手将相机端稳，待对正调焦合适、目标清晰后按下快门拍照。

2. 标准化影像采集流程

标准化影像采集采用"九拍"法，即选定九个最佳的影像采集位置区域（见图 3－3）完成特高压输电线路杆塔的巡视检查任务，及时发现设备存在缺陷、隐患。过程中作业人员充分利用地形和光线，灵活调整人员与采集目标的距离和角度，确保采集目标图像中关键部位清晰、无遗漏即可。如图 3–8 所示。

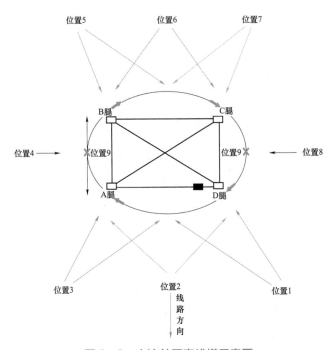

图 3–3　交流单回直线塔示意图

图 3–4　交流单回直线塔示意图

（1）交流单回直线塔。由于不同特高压输电线路设计和结构可能略有不同，且受不同地区地形地貌影响，影像采集时可按照实际情况补充完善采集内容，本文仅以某 1000kV 线路交流单回直线塔为例（见图 3–4）。验收时，按照"九拍"位置（见图 3–3）中位置 3（或位置 1、2）、位置 4、5、6、7、8、9 的顺序及内容进行拍照。

小贴士：对于导线挂点、绝缘子串图像采集，验收人员可结合现场实际地形、光线情况在位置 5、6、7 区间，灵活调整角度、选取图像采集数量，确保无遗漏部位。

1）位置3（或位置1、2）内容及效果。

拍摄内容：标识牌、塔头、全塔、基础，效果见图3-5。

①标识牌　　②塔头

③全塔　　④基础整体

图3-5　位置3拍摄内容及效果

2）位置4具体拍摄部位及效果成像图。

内容：左地线（光缆）挂点、防振锤整体及局部，效果见图3-6。

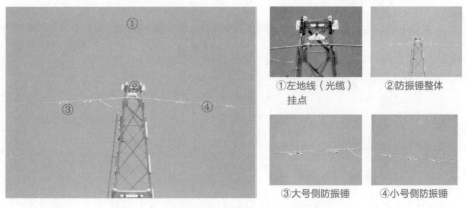

①左地线（光缆）　　②防振锤整体
挂点

③大号侧防振锤　　④小号侧防振锤

图3-6　位置4具体拍摄部位及效果成像图

3）位置 5 拍摄内容及效果。

拍摄内容：左线横担挂点、左线导线挂点、左线绝缘子、中线横担挂点、中线导线挂点，效果见图 3-7。

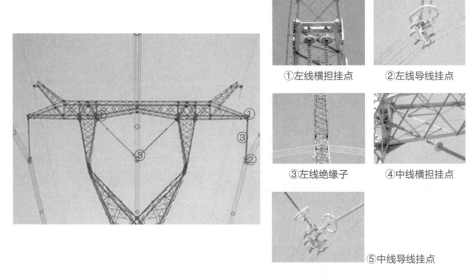

图 3-7　位置 5 拍摄内容及效果

4）位置 6 拍摄内容及效果。

拍摄内容：左线导线挂点、中线横担挂点（V 型串设计时 2 挂点）、中线导线挂点、中线绝缘子、右线导线挂点，效果见图 3-8。

5）位置 7 内容及效果。

拍摄内容：右线横担挂点、右线导线挂点、右线绝缘子、中线横担挂点、中线导线挂点，效果见图 3-9。

6）位置 8 拍摄内容及效果。

拍摄内容：右地线（光缆）挂点、右地线（光缆）防振锤整体及局部，效果见图 3-10。

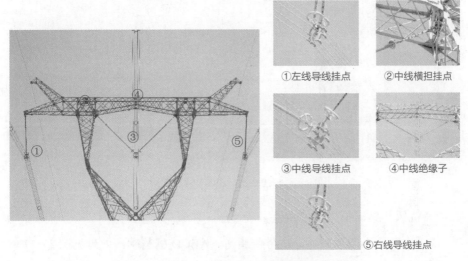

①左线导线挂点　②中线横担挂点
③中线导线挂点　④中线绝缘子
⑤右线导线挂点

图3-8　位置6拍摄内容及效果

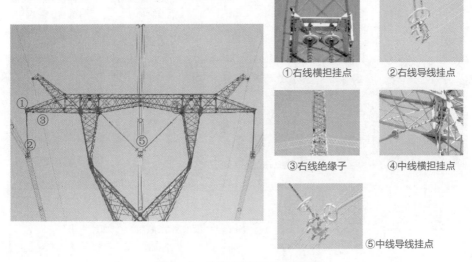

①右线横担挂点　②右线导线挂点
③右线绝缘子　　④中线横担挂点
⑤中线导线挂点

图3-9　位置7拍摄内容及效果

图 3–10　位置 8 拍摄内容及效果

7）位置 9 具体拍摄部位及效果成像图。

拍摄内容：小号侧通道、大号侧通道、ABCD 腿基础，效果见图 3–11。

图 3–11　位置 9 具体拍摄部位及效果成像图

小贴士：图 3-11 仅展示 A 腿基础的四个面，BCD 腿拍摄效果参照 A 腿。

（2）交流单回耐张塔。本文仅以某 1000kV 线路交流单回耐张塔为例（见图 3-12），验收时，按照"九拍"位置（见图 3-3）中位置 1、2、3、4、5、6、7、8、9 的顺序及内容进行拍照。

小贴士：对于横担挂点、绝缘子、跳线间隔棒、地线挂点图像采集时，巡视人员可结合现场实际地形、光线情况掌握，若在位置 2、6 等区域时都可采集，则不局限于位置采集流程要求，特殊盲区可结合无人机填补。

图 3-12　交流单回耐张塔示意图

1）位置 1 拍摄内容及效果。

拍摄内容：标识牌、塔头、全塔、基础整体，右线小号侧横担挂点、导线挂点、绝缘子（也可位置 2 采集），部分跳线间隔棒（结合实际采集），效果见图 3-13。

2）位置 2 拍摄内容及效果。

拍摄内容：此处采集均为杆塔小号侧图像。分别为右线横担挂点、导线挂点、绝缘子串，中线横担挂点、导线挂点、绝缘子串，左线横担挂点、导线挂点、绝缘子串，两侧地线（光缆）挂点，部分跳线间隔棒（结合实际采集），效果见图 3-14。

3）位置 3 拍摄内容及效果。

拍摄内容：此处采集均为杆塔小号侧图像。分别为左线横担挂点、导线挂点、绝缘子，地线（光缆）挂点，中线横担、导线挂点，部分跳线间隔棒（结合实际采集），效果见图 3-15。

①标识牌

②塔头

③全塔

④基础整体

⑤右线小号侧
横担挂点

⑥右线小号侧
导线挂点

⑦右线小号侧
绝缘子

图 3-13 位置 1 拍摄内容及效果

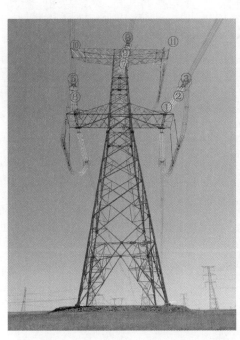

①右线小号侧横担挂点

②右线小号侧导线挂点

③右线小号侧绝缘子串

④左线小号侧横担挂点

⑤左线小号侧导线挂点

⑥左线小号侧绝缘子串

⑦中线小号侧横担挂点

⑧中线小号侧绝缘子

⑨中线小号侧绝导线端挂点

⑩右地线（光缆）小号侧挂点

⑪左地线（光缆）小号侧挂点

图3-14　位置2拍摄内容及效果

67

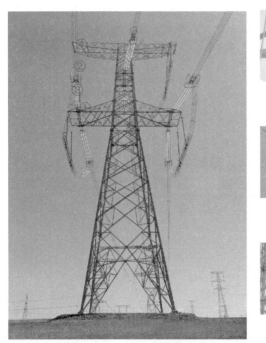

①左线小号侧
横担挂点

②左线小号导线
挂点

③左线小号侧
绝缘子

④左地线（光缆）
小号侧挂点

⑤中线小号侧
横担挂点

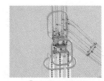

⑥中线小号侧
导线挂点

图 3-15 位置 3 拍摄内容及效果

4）位置 4 拍摄内容及效果。

拍摄内容：左地线（光缆）挂点、防振锤整体及局部，左线（中线）跳串横担及导线挂点、绝缘子（结合线路实际设计情况而定），效果见图 3-16。

5）位置 5 拍摄内容及效果。

拍摄内容：此处采集均为杆塔大号侧图像。分别为左线横担挂点、导线挂点、绝缘子，中线导线挂点、横担挂点、左地线（光缆）挂点，效果见图 3-17。

①左地线（光缆）挂点　②左地线（光缆）整体

③左地线（光缆）防振锤　④左线（中线）跳串横担挂点

⑤左线（中线）跳串导线挂点　⑥左线（中线）跳线绝缘子串

图 3-16　位置 4 拍摄内容及效果

6）位置 6 拍摄内容及效果。

拍摄内容：此处采集均为杆塔大号侧图像。分别为左线横担挂点、导线挂点、绝缘子串，中线横担挂点、导线挂点、绝缘子串，右线横担挂点、导线挂点、绝缘子串，两侧地线（光缆）挂点，部分跳线间隔棒（结合实际采集），效果见图 3-18。

7）位置 7 拍摄内容及效果。

拍摄内容：此处采集均为杆塔大号侧图像。分别为右线横担挂点、导线挂点、绝缘子串，中线导线挂点、右地线（光缆）挂点，效果见图 3-19。

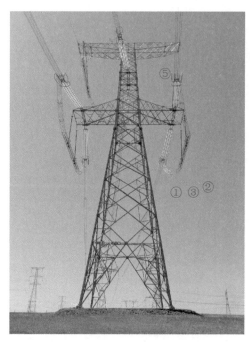

①左线大号侧横担
挂点

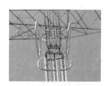

②左线大号侧导线
挂点

③左线大号侧
绝缘子

④中线大号侧横担
挂点

⑤中线大号侧导线
挂点

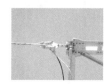

⑥左地线（光缆）
大号侧挂点

图 3-17 位置 5 拍摄内容及效果

8）位置 8 拍摄内容及效果。

拍摄内容：右地线（光缆）挂点、防振锤整体及局部，右线（中线）跳串横担及导线挂点、绝缘子（结合线路实际设计情况而定），效果见图 3-20。

9）位置 9 拍摄内容及效果。

拍摄内容：小号侧通道、大号侧通道、A、B、C、D 腿基础，部分跳线间隔棒（结合实际采集），效果见图 3-21。

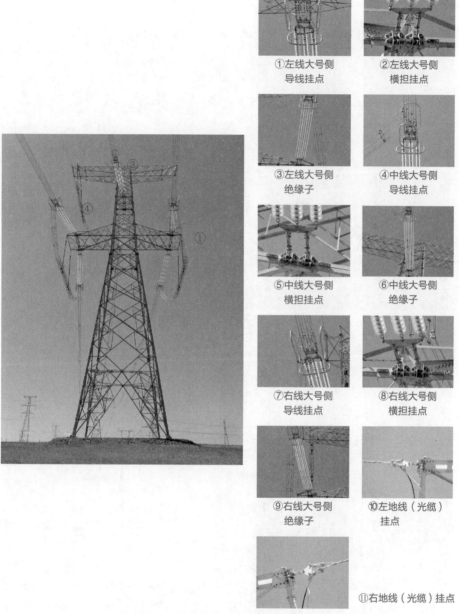

①左线大号侧
导线挂点

②左线大号侧
横担挂点

③左线大号侧
绝缘子

④中线大号侧
导线挂点

⑤中线大号侧
横担挂点

⑥中线大号侧
绝缘子

⑦右线大号侧
导线挂点

⑧右线大号侧
横担挂点

⑨右线大号侧
绝缘子

⑩左地线（光缆）
挂点

⑪右地线（光缆）挂点

图 3-18 位置 6 拍摄内容及效果

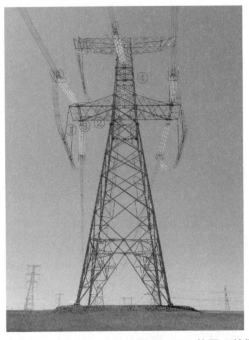

①右线大号侧横担挂点

②右线大号侧导线挂点

③右线大号侧绝缘子

④中线大号侧导线挂点

⑤右地线（光缆）大号侧挂点

图 3-19　位置 7 拍摄内容及效果

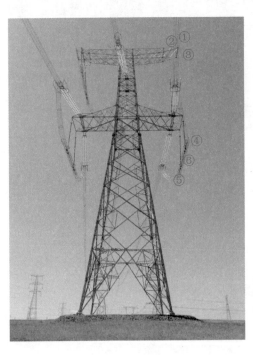

①右地线（光缆）挂点及防振锤整体

②右地线、光缆小号侧防振锤局部

③右地线（光缆）大号侧防振锤局部

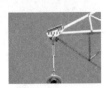
④右线（中线）跳串横担挂点

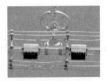
⑤右线（中线）跳串导线挂点

⑥右线（中线）跳线绝缘子

图 3-20　位置 8 拍摄内容及效果

①小号侧通道　　②大号侧通道

③A 腿基础　　④B 腿基础

⑤C 腿基础　　⑥D 腿基础

图 3-21　位置 9 拍摄内容及效果

小贴士：图 3-21 仅展示 A 腿基础的四个面，B、C、D 腿拍摄效果参照 A 腿。

（3）交流双回直线塔。本文仅以某 1000kV 线路交流双回直线塔为例（见图 3-22），验收时，按照"九拍"位置（见图 3-3）中位置 3（或位置 1、2）、4、5、6、7、8、9 的顺序及内容进行拍照。

图 3-22　交流双回直线塔示意图

1）位置 3（或位置 1、2）拍摄内容及效果。

拍摄内容：杆塔标识牌、全塔、塔头、A、B、C、D 腿基础整体，效果见图 3-23。

①标识牌　　②塔头

③全塔　　④基础整体

图 3-23　位置 3 拍摄内容及效果

2）位置 4 拍摄内容及效果。

拍摄内容：左地线（光缆）挂点、防振锤整体及局部，效果见图 3-24。

①左地线（光缆）挂点　　②防振锤及挂点整体

③小号侧防振锤　　④大号侧防振锤

图 3-24　位置 4 拍摄内容及效果

3）位置 5 拍摄内容及效果。

拍摄内容：左回下、中、上线横担及导线挂点，左回下、中、上线绝缘子，效果见图 3-25。

图 3-25 位置 5 拍摄内容及效果

4）位置 6 拍摄内容及效果。

拍摄内容：左回下、中、上线导线挂点，右回下、中、上线导线挂点，效果见图 3-26。

①左回下线导线挂点

②左回中线导线挂点

③左回上线导线挂点

④右回下线导线挂点

⑤右回中线导线挂点

⑥右回上线导线挂点

图 3-26 位置 6 拍摄内容及效果

5）位置 7 拍摄内容及效果。

拍摄内容：右回下、中、上线横担及导线挂点，右回下、中、上线绝缘子，效果见图 3-27。

6）位置 8 拍摄内容及效果。

拍摄内容：右地线（光缆）挂点、防振锤整体及局部，效果见图 3-28。

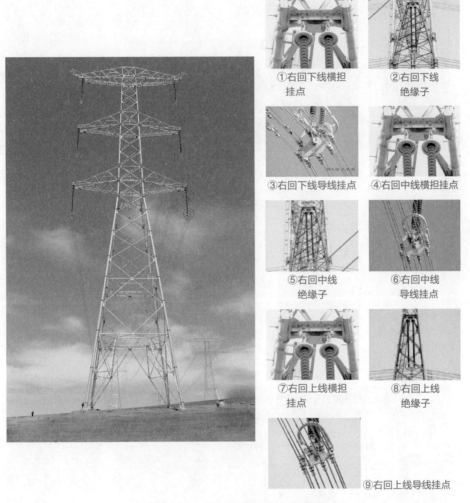

①右回下线横担挂点　②右回下线绝缘子

③右回下线导线挂点　④右回中线横担挂点

⑤右回中线绝缘子　⑥右回中线导线挂点

⑦右回上线横担挂点　⑧右回上线绝缘子

⑨右回上线导线挂点

图 3-27　位置 7 拍摄内容及效果

①右地线（光缆）
挂点

②防振锤整体

③小号侧防振锤

④大号侧防振锤

图 3-28　位置 8 拍摄内容及效果

7）位置 9 拍摄内容及效果。

拍摄内容：小号侧通道、大号侧通道、A、B、C、D 腿基础，效果见图 3-29。

①小号侧通道

②大号侧通道

③A 腿基础

④B 腿基础

⑤C 腿基础

⑥D 腿基础

图 3-29　位置 9 拍摄内容及效果

小贴士：图 3-29 仅展示 A 腿基础的四个面，B、C、D 腿拍摄效果
参照 A 腿。

（4）交流双回耐张塔。本文仅以某 1000kV 线路交流双回耐张塔为例（见
图 3-30），验收时，按照"九拍"位置（见图 3-3）中位置 3（或位置 1、2）、
4、5、6、7、8、9 的顺序及内容进行拍照。

图 3-30　交流双回耐张塔示意图

1）位置 1 拍摄内容及效果。

拍摄内容：此处采集均为杆塔小号侧图像。分别为标识牌、全塔、塔
头、基础，右回下、中、上线横担挂点及导线挂点，右回下、中、上线绝
缘子、右地线（光缆）挂点，部分跳线间隔棒（结合实际采集），效果见
图 3-31。

①标识牌

②塔头

③全塔

④基础整体

⑤右回下线横担
挂点

⑥右回下线
绝缘子

⑦右回下线导线
挂点

⑧右回中线横担
挂点

⑨右回中线
绝缘子

⑩右回中线
导线挂点

⑪右回上线横担
挂点

⑫右回上线
绝缘子

图 3-31　位置 1 拍摄内容及效果

2）位置 2 拍摄内容及效果。

拍摄内容：此处采集均为杆塔小号侧图像。分别为右回下、中、上线导线挂点，左回下、中、上线导线挂点，部分跳线间隔棒（结合实际采集），效果见图 3-32。

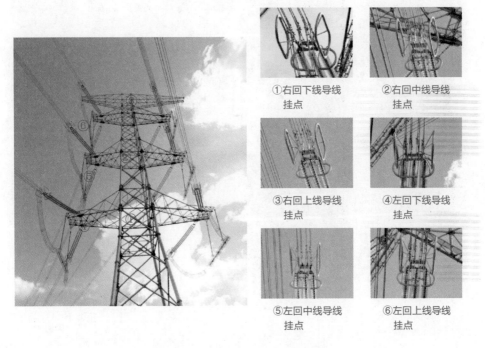

图 3-32 位置 2 拍摄内容及效果

3）位置 3 拍摄内容及效果。

拍摄内容：此处采集均为杆塔小号侧图像。分别为耐左回下、中、上线横担及导线挂点，左回下、中、上线绝缘子，左地线（光缆）挂点，部分跳线间隔棒（结合实际采集），效果见图 3-33。

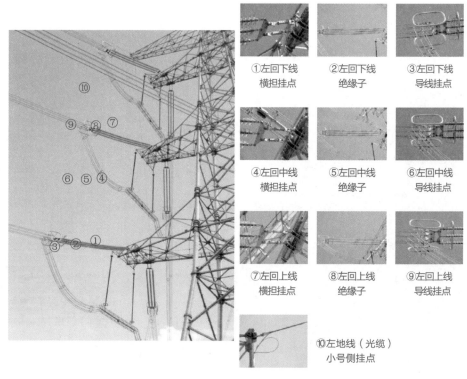

①左回下线
横担挂点

②左回下线
绝缘子

③左回下线
导线挂点

④左回中线
横担挂点

⑤左回中线
绝缘子

⑥左回中线
导线挂点

⑦左回上线
横担挂点

⑧左回上线
绝缘子

⑨左回上线
导线挂点

⑩左地线（光缆）
小号侧挂点

图 3-33　位置 3 拍摄内容及效果

4）位置 4 拍摄内容及效果。

拍摄内容：左地线（光缆）防振锤整体及局部，左回下、中、上线跳串横担及导线挂点、绝缘子，效果见图 3-34。

①防振锤整体　　　②小号侧防振锤

③大号侧防振锤　　④左回下线跳串横担挂点

⑤左回中线跳串绝缘子　⑥左回中线跳串导线挂点

⑦左回上线跳串横担挂点　⑧左回上线跳串绝缘子

⑨左回上线跳串导线挂点

图 3-34　位置 4 拍摄内容及效果

5）位置 5 拍摄内容及效果。

拍摄内容：此处采集均为杆塔大号侧图像。分别为左回下、中、上线横担及导线挂点，左回下、中、上线绝缘子，左地线（光缆）挂点，部分跳线间隔棒（结合实际采集），效果见图 3-35。

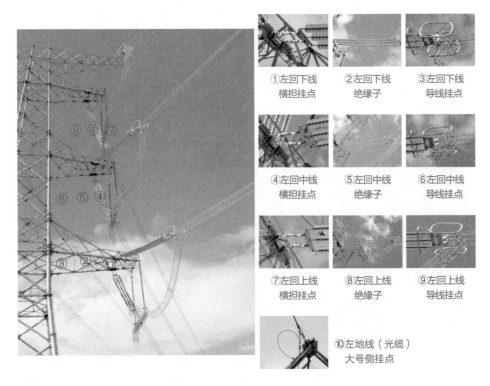

①左回下线
横担挂点

②左回下线
绝缘子

③左回下线
导线挂点

④左回中线
横担挂点

⑤左回中线
绝缘子

⑥左回中线
导线挂点

⑦左回上线
横担挂点

⑧左回上线
绝缘子

⑨左回上线
导线挂点

⑩左地线（光缆）
大号侧挂点

图 3-35　位置 5 拍摄内容及效果

6）位置 6 拍摄内容及效果。

拍摄内容：此处采集均为杆塔大号侧图像。分别为左回下、中、上线导线挂点，右回下、中、上线导线挂点，部分跳线间隔棒（结合实际采集），效果见图 3-36。

①左回下线导线挂点　②左回中线导线挂点

③左回上线导线挂点　④右回下线导线挂点

⑤右回中线导线挂点　⑥右回上线导线挂点

图 3-36　位置 6 拍摄内容及效果

7）位置 7 拍摄内容及效果。

拍摄内容：此处采集均为杆塔大号侧图像。分别为右回下、中、上线横担挂点及导线挂点，右回下、中、上线绝缘子，右地线（光缆）挂点，部分跳线间隔棒（结合实际采集），效果见图 3-37。

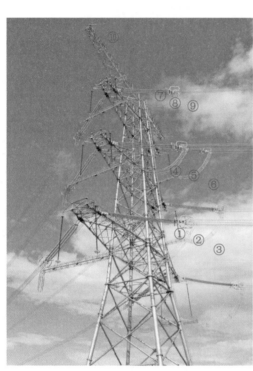

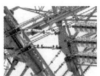

①右回下线横担
挂点

②右回下线
绝缘子

③右回下线导线
挂点

④右回中线横担
挂点

⑤右回中线
绝缘子

⑥右回中线导线
挂点

⑦右回上线横担
挂点

⑧右回上线
绝缘子

⑨右回上线导线
挂点

⑩右地线（光缆）
大号侧挂点

图 3-37　位置 7 拍摄内容及效果

8）位置 8 拍摄内容及效果。

拍摄内容：右地线（光缆）防振锤整体及局部，右回下、中、上线跳串横担及导线挂点、绝缘子，效果见图 3-38。

①防振锤及挂点整体

②小号侧防振锤

③大号侧防振锤

④右回下线跳串横担挂点

⑤右回下线跳串绝缘子

⑥右回下线跳串导线挂点

⑦右回中线跳串横担挂点

⑧右回中线跳串绝缘子

⑨右回中线跳串导线挂点

⑩右回上线跳串横担挂点

⑪右回上线跳串绝缘子

⑫右回上线跳串导线挂点

图 3-38 位置 8 拍摄内容及效果

9）位置 9 拍摄内容及效果。

拍摄内容：小号侧通道、大号侧通道、A、B、C、D 塔腿基础，部分跳线间隔棒（结合实际采集），效果见图 3－39。

①小号侧通道　②大号侧通道
③A 腿基础　④B 腿基础
⑤C 腿基础　⑥D 腿基础

图 3－39　位置 9 拍摄内容及效果

小贴士：图 3－44 仅展示 A 腿基础的四个面，B、C、D 腿拍摄效果参照 A 腿。

（5）直流单回直线塔。

本文仅以某±800kV 线路直流单回直线塔为例（见图 3－40），验收时，按照"九拍"位置（见图 3－3）中位置 3（或位置 1、2）、4、5、6、7、8、9 的顺序及内容进行拍照。

1）位置 3（或位置 1、2）拍摄内容及效果。

拍摄内容：杆塔标识牌、全塔、塔头，效果见图 3－41。

图 3-40　直流单回直线塔示意图

①标识牌

②塔头

③全塔

图 3-41　位置 3 拍摄内容及效果

2）位置 4 拍摄内容及效果。

拍摄内容：左地线（光缆）挂点、防振锤整体及局部，效果见图 3-42。

图 3-42　位置 4 拍摄内容及效果

3）位置 5 拍摄内容及效果。

拍摄内容：左线导线挂点、绝缘子（灵活掌握），效果见图 3-43。

图 3-43　位置 5 拍摄内容及效果

4）位置 6 拍摄内容及效果。

拍摄内容：左线导线挂点、右线导线挂点，效果见图 3-44。

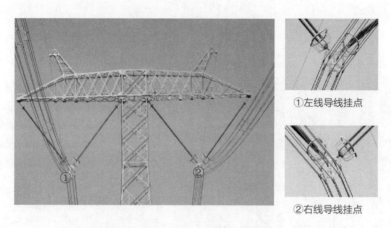

①左线导线挂点

②右线导线挂点

图 3-44 位置 6 拍摄内容及效果

5）位置 7 拍摄内容及效果。

拍摄内容：右线导线挂点、绝缘子（灵活掌握），效果见图 3-45。

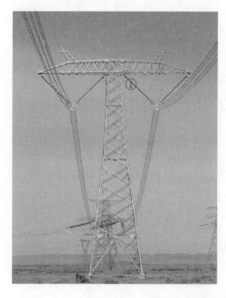

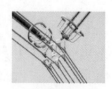

①右线导线挂点

图 3-45 位置 7 拍摄内容及效果

6）位置 8 拍摄内容及效果。

拍摄内容：右地线（光缆）挂点、防振锤整体及局部，效果见图 3-46。

①右地线（光缆）
　挂点

②防振锤整体

③小号侧防振锤

④大号侧防振锤

图 3-46　位置 8 拍摄内容及效果

7）位置 9 拍摄内容及效果。

拍摄内容：小号侧通道、大号侧通道、A、B、C、D 塔腿基础、左线横担挂点、右线横担挂点，效果见图 3-47。

小贴士：移动至左、右线横担挂点下方时，在轴线上区域适当调整角度、位置，采集 V 串两处横担挂点。

注：此处仅展示 A 腿四个面图像，B、C、D 腿与 A 腿图像相同。

此处仅展示左线横担挂点、绝缘子，右线与左线图像相同。

（6）直流单回耐张塔。

本文仅以某±800kV 线路直流单回耐张塔为例（见图 3-48），验收时，按照"九拍"位置（见图 3-3）中位置 1、2、3、4、5、6、7、8、9 的顺序及内容进行拍照。

③A 腿基础

④A 腿基础

⑤A 腿基础

⑥A 腿基础

⑦左线左侧
横担挂点

⑧左线右侧
横担

①小号侧通道

②大号侧通道

⑨左线左侧
绝缘子

⑩左线右侧
绝缘子

图 3-47　位置 9 拍摄内容及效果

图 3-48　直流单回耐张塔示意图

1）位置 1 拍摄内容及效果。

拍摄内容：此处采集均为杆塔小号侧图像。分别为标识牌、全塔、塔头、基础、右线横担及导线挂点、右线绝缘子、右地线（光缆）挂点，部分跳线间隔棒（结合实际采集），效果见图 3-49。

图 3-49 位置 1 拍摄内容及效果

2）位置 2 拍摄内容及效果。

拍摄内容：此处采集均为杆塔小号侧图像。分别为右线导线挂点、左线导线挂点，部分跳线间隔棒（结合实际采集），效果见图 3-50。

①左线导线挂点

②右线导线挂点

图3-50　位置2拍摄内容及效果

3）位置3拍摄内容及效果。

拍摄内容：此处采集均为杆塔小号侧图像。分别为左线横担及导线挂点、左线绝缘子、左地线（光缆）挂点，部分跳线间隔棒（结合实际采集），效果见图3-51。

①左线横担挂点

②左线导线挂点

③左线绝缘子

④左地线（光缆）挂点

图3-51　位置3拍摄内容及效果

4）位置 4 拍摄内容及效果。

拍摄内容：左地线（光缆）挂点、防振锤整体及局部，左线跳串导线挂点，效果见图 3－52。

①左地线（光缆）挂点

②小号侧防振锤

③大号侧防振锤

④左线小号侧跳串
导线挂点

⑤左线大号侧跳串
导线挂点

图 3－52　位置 4 拍摄内容及效果

5）位置 5 拍摄内容及效果。

拍摄内容：此处采集均为杆塔大号侧图像。分别为左线横担及导线挂点、绝缘子、左地线（光缆）挂点，效果见图 3－53。

6）位置 6 拍摄内容及效果。

拍摄内容：此处采集均为杆塔大号侧图像。分别为左线导线挂点、右线导线挂点，效果见图 3－54。

①左线横担挂点

②左线导线端挂点

③左线绝缘子

④左地线（光缆）挂点

图 3-53　位置 5 拍摄内容及效果

①左线导线挂点

②右线导线挂点

图 3-54　位置 6 拍摄内容及效果

7）位置 7 拍摄内容及效果。

拍摄内容：此处采集均为杆塔大号侧图像。分别为右线横担及导线挂点、绝缘子、右地线（光缆）挂点，效果见图 3-55。

8）位置 8 拍摄内容及效果。

拍摄内容：右地线（光缆）挂点、防振锤整体及局部，右线跳串导线挂点，效果见图 3-56。

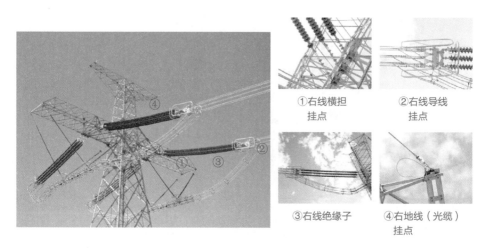

①右线横担 挂点　　②右线导线 挂点

③右线绝缘子　　④右地线（光缆） 挂点

图 3-55　位置 7 拍摄内容及效果

①右地线（光缆） 挂点　　②小号侧防振锤

③大号侧防振锤　　④右线小号侧跳串 导线挂点

⑤右线大号侧跳串 导线挂点

图 3-56　位置 8 拍摄内容及效果

9）位置 9 拍摄内容及效果。

拍摄内容：小号侧通道、大号侧通道、A、B、C、D 腿基础，左跳线横担挂点，右跳线横担挂点、跳线绝缘子，效果见图 3-57。

①小号侧通道　　②大号侧通道

③A 腿基础　　④B 腿基础

⑤C 腿基础　　⑥D 腿基础

⑦左跳线小号侧
横担挂点 1　　⑧左跳线大号侧
横担挂点 1　　⑨左跳线小号侧
横担挂点 2　　⑩左跳线大号侧
横担挂点 2

⑪左跳线绝缘子 1　　⑫左跳线绝缘子 2　　⑬左跳线绝缘子 2

图 3-57　位置 9 拍摄内容及效果

小贴士：移动至左、右跳线横担挂点下方时，在轴线上区域适当调整角度、位置，采集各 V 串两处横担挂点、绝缘子。

注：1. 此处仅展示 A 腿四个面图像，B、C、D 腿与 A 腿图像相同。

2. 此处仅展示左跳线横担挂点、绝缘子，右线与左线图像相同。

（7）通用部分。特高压交直流输电线采用多分裂导线设计，常见八分裂导线。其间隔棒规律性分布于档中间，即线路走廊内，或见某区段内存在导线（地线）接续管。因此对于交直流各塔型均无差异，人工地面采集导线间隔棒、导地线接续管影像时方法相同。

如图 3 – 58 所示，作业人员站在位置 1、2、3，根据现场实际情况（地形、光线等）调整合适位置进行影像采集，需销针、胶皮漏出，包含每根子导线接续管两端红漆及附近导线可见，图片清晰，必要时可拍 2 张（位置 1、2 各拍一张）。

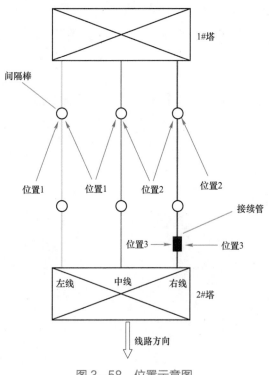

图 3 – 58　位置示意图

位置 1：左边线投影外侧 45°～内侧 45°扇形区域，距离适当即可。

位置 2：右边线投影外侧 45°～内侧 45°扇形区域，距离适当即可。

位置 3：导线（或地线）接续管投影轴线内、外侧区域，距离适当即可。

作业人员根据现场实际地形、光线情况灵活选择适当位置、角度。实景图见图 3–59。

图 3–59　实景位置

采集部位效果见图 3–60、图 3–61。

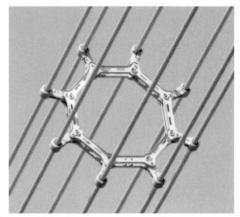

图 3-60　导线间隔棒

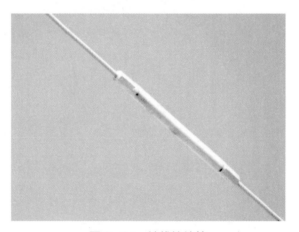

图 3-61　地线接续管

3. 影像照片查看方法

（1）查看依据。由于特高压输电线路金具组成设计不尽相同，且由于线路差异化设计同一输电线路不同区段金具组成也存在差异，因此各相应线路需结合设备实际金具组装设计图进行巡视照片查看。

（2）照片查看方法。

对于杆号牌、基础、塔头、全塔、大小号侧通道、部分附属设施照片中的内容，巡视人员在现场巡视时即可发现有无缺陷、隐患。由于现场情况、条件不定，为防止在现场巡视时有所遗漏，回去后应在照片中仔细查看一遍。

具体如下：

1）杆号牌。杆号牌、相位牌、警示牌损坏、丢失，线路名称、杆塔号、字迹不清等。

2）基础。基础及回填土是否下降；接地装置严重锈蚀，埋入地下部分外露、丢失。

3）塔头、全塔。查看塔上有无异物悬挂，问题鸟巢，塔材缺失、变形，螺栓松动及缺失、杆塔倾斜、横担歪扭及部件锈蚀、变形。

4）玻璃绝缘子自爆、积污严重；有无复合绝缘子积污严重、鸟啄现象、挂霜和雪凇、绝缘子串严重偏斜、绝缘子闪络痕迹和局部火花放电现象；耐张引流线有无缠绕、扭绞、间隔棒掉爪、支撑臂及防磨附件损坏等现象；导线锈蚀、断股、损伤或闪络烧伤；导线是否覆冰；导线弧度变化，相分裂导线间距的变化；相分裂导线的鞭击、扭绞；导线的上扬、振动、舞动、脱冰跳跃情况；跳线与杆塔空气间隙的变化。

5）导线对地，对交叉跨越设施及对其他物体距离的变化；是否有覆冰情况；对地，对交叉跨越设施及对其他物体距离的变化；避雷线锈蚀、断股、损伤或闪络烧伤；避雷线在线夹内滑动；光缆的上扬、振动、舞动、脱冰跳跃情况；避雷线弧度变化，相分裂导线间距的变化。

6）大、小号侧通道。线路附近修建道路、铁路等；线路附近出现的高大机械及可移动的设施；防护区内架设或敷设架空电力线路、架空通信线路、架空索道、各种管道和电缆；防护区内的建筑物，可燃、易爆物品；防护区内进行的土方挖掘、建筑工程和施工爆破；其他不正常现象，如江河泛滥、山洪、杆塔被淹、森林起火等。

7）附属设施。在线监测等附件是否损坏、丢失。

8）挂点照片。

① 查看销针、螺母数量是否与金具组装图一致。

② 查看金具本身有无损坏、锈蚀，接触部位有无磨损现象，销针、螺帽有无缺失、脱出。

③ 导、地线耐张压接管、直线接续有无变形、抽头现象。

④ 引流板螺栓有无松动、缺失现象。

⑤ 导、地线挂点部位导线有无与金具磨损问题。

9）防舞金具照片（间隔棒）。检查间隔棒有无损坏、松动位移、胶皮缺失、掉爪、穿钉销针缺失或脱出现象。

（3）巡视照片查看方法。查看巡视照片时，配合相应《××线路状态图》在手机、电脑上直接查找设计图纸，了解各位置金具使用情况、螺栓和销针的数量，遇到不认识的金具可以查找对应标准命名。

重点查看金具连接处有无磨损、裂纹、变形等，销针、螺母有无缺失，线夹附件导、地线有无磨损、断股、抽头、脱出等问题。

4. 竣工（预）验收、巡视照片汇总标准

（1）一级文件夹名称需要包括电压等级、线路名称等，整理标准如图 3-62 所示。

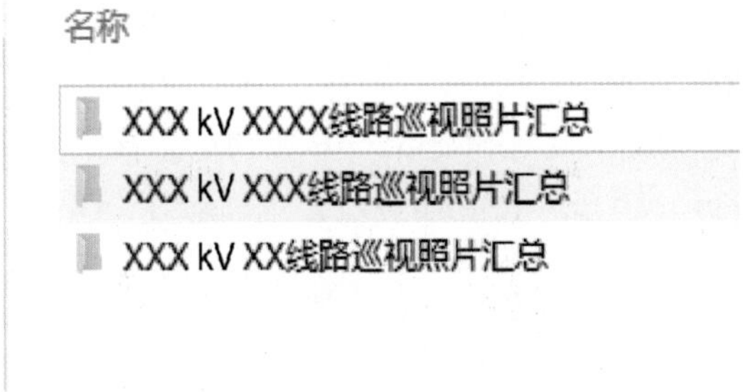

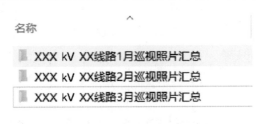

名称

▌ XXX kV XXXX线路巡视照片汇总

▌ XXX kV XXX线路巡视照片汇总

▌ XXX kV XX线路巡视照片汇总

图 3-62　一级文件夹整理示例

（2）二级文件夹整理则需在文件名上标注具体月份，标准如图 3-63 所示。

名称

▌ XXX kV XX线路1月巡视照片汇总

▌ XXX kV XX线路2月巡视照片汇总

▌ XXX kV XX线路3月巡视照片汇总

图 3-63　二级文件夹整理示例

（3）三级文件夹整理标准如图 3-64 所示，需要包括巡视照片，巡视问题汇总记录，巡视问题日汇报，导线、光缆和中底线间隔棒、防震锤安装数量明细表。

名称	∨

- XX kV XX线路巡视照片
- XX kV XX线路导线、光缆和中底线间隔棒、防震锤安装数量明细表
- XX kV XX线路巡视问题汇总表
- XX kV XX线路巡视问题日报（X年X月X日）

图 3-64　三级文件夹整理示例

（4）逐级杆塔分类标准如图 3-65 所示。

- 1.标准化线路6张照片
- 2.缺陷照片
- 3.导、地线压接管照片
- 4.隐患照片
- 5.间隔棒照片
- 6.挂点照片
- 7.导、地线防振锤照片
- 8.基础及通道照片照片

图 3-65　逐级杆塔整理示例

挂点照片如图 3-66 所示。

图 3-66　挂点照片整理示例

间隔棒照片如图 3-67 所示。

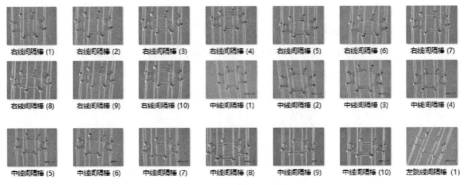

图 3-67　间隔棒照片整理示例

接续管照片如图 3-68 所示。

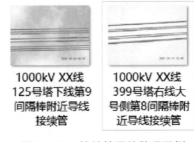

图 3-68　接续管照片整理示例

发现问题照片如图 3-69 所示。

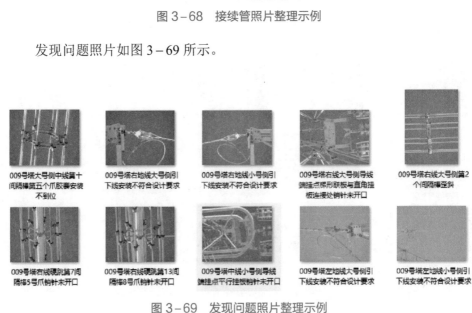

图 3-69　发现问题照片整理示例

第三节　登 塔 验 收

登塔验收工作内容主要包括登塔检查、测量引流线放电间隙、杆塔螺栓扭矩三个方面，下面将对各个方面进行详细阐述。

一、登塔检查

（1）杆塔外观：表面应清洁，无锈蚀、凹凸等，杆塔应平直，无弯曲、裂纹、倾斜；技改扩建工程新杆塔应与原杆塔方向一致。

（2）钢横梁外观：构件应平直，无明显弯曲。

（3）杆塔基础：垫铁、地脚螺栓位置正确，底面与基础面紧贴，平稳牢固；底部无积水；杆塔基础宜用浇筑保护帽，基础无沉降、开裂。

（4）焊接检查：焊缝完好、饱满，焊缝不允许有任何裂纹、未焊透、表面气孔或存有焊渣等现象。

（5）防腐涂层：杆塔防腐涂层完好，涂层颜色一致，无漏涂、流坠，外形美观，无裂纹、倾斜。

二、测量引流线放电间隙

（1）检查地线及光缆接地：检查地线、光缆是否安装了引流线。

（2）检查引流线放电间隙：引流线应呈近似悬链线状自然下垂，实测每相对杆塔及拉线等地电位的最小电气间隙 S，并且间隙误差满足设计施工要求。

三、杆塔螺栓扭矩

（1）检查杆塔螺栓安装情况：螺栓应与构件平面垂直，螺栓头与构件间的接触处不应有间隙；螺杆必须加垫圈，每端不超过两个；螺母拧紧后，单双螺母，螺杆应露出 2 个及以上螺距，双螺母至少与螺杆平；螺栓的防卸、防松应符合设计要求。

（2）检查螺栓穿向：螺栓穿向符合规定。立体结构：水平方向由内向外，垂直方向由下向上，斜向者由斜下向斜上穿，不便时应在同一斜面内取统一方向。

（3）检查螺栓紧固情况：塔身螺栓紧固，无松动或打滑。

（4）检查防盗螺栓的安装情况：检查防盗螺栓是否按设计要求安装；防盗螺栓均带双帽（内侧为紧固螺帽，外侧为防盗螺帽），安装高度［自杆塔最短腿高度 8m 范围以内全部使用防盗螺栓（包括脚钉）］。

第四节 走 线 验 收

走线验收工作内容主要包括导地线、绝缘子、金具检查，导、地线接续管台账建立、跳线验收、光纤复合架空地线验收、次档距检查五个方面，下面将对各个方面进行详细阐述。

一、导地线、绝缘子、金具检查

（1）检查绝缘子串型号、尺寸规格及组装方式：绝缘子串型号、尺寸规格及组装方式（片数、串数）符合设计要求。

（2）检查绝缘子外观：瓷或玻璃绝缘子无破裂、脏污；浇装水泥无裂纹、气泡，钢脚无松动、偏斜；合成绝缘子芯棒、端部连接无变形或无裂纹，伞裙、护套等部位硅橡胶颜色无异常、无裂纹、无破损。

（3）检查锁销：弹簧销、开口销齐全、完整，材料为铜质或不锈钢。

（4）检查金具：金具连接正确、无缺件少件、镀锌良好无锈蚀，且连接结构灵活。

（5）检查绝缘子串及各种金具穿向：绝缘子串及各种金具穿向统一、符合要求。

1）悬垂串上的弹簧销子按线路前进方向穿入（使用 W 销时，绝缘子大口朝后；使用 R 销时，绝缘子大口朝前）；螺栓及穿钉顺线路方向穿入，特殊情况两边线由内向外，中线由左向右。

2）耐张串上的弹簧销、螺栓及穿钉由下向上穿（使用 W 销时，绝缘子大口朝上，使用 R 销时，绝缘子大口朝下），螺栓及穿钉两边线由内向外，中线由左向右。

（6）检查悬垂串偏移：悬垂串应垂直地面，个别情况顺线路方向与铅垂位置的位移不应超过 5°，且最大偏移值不应超过 200mm。

（7）检查是否合理使用双绝缘子串：跨越铁路、高速公路或高等级公路、110kV 及以上电压等级线路、通航河道以及人口密集地区等，绝缘子串应为双串独立双挂点；相邻两杆塔高差大于 100m 或档距大于 700m 的耐张、直线杆塔使用合成绝缘子时必须为双串连接；三回及以上垂直排列方式的绝缘子均采用双挂点双悬垂串型式。

（8）检查导地线外观：导地线无损伤断股、无金钩、无打扭变形、无悬挂异物。

（9）检查导地线弛度：导地线弛度符合要求。

1）弧垂允许偏差。220kV 及以上为 + 3%、− 2.5%；跨越通航河流的大跨越档偏差不大于 ± 1%，且正偏差不超过 1m。

2）在满足弧垂允许偏差时，相间弧垂最大允许偏差 220kV 及以上不超过 300mm。

3）导地线弧垂重点抽测大档距（档距 700m 及以上）、重要交叉跨越档；目测有怀疑或无法把握到位，要求仪器测量校核。

（10）检查耐张线夹、悬垂线夹安装情况：耐张线夹、悬垂线夹安装正确、牢靠，部件齐全；液压管（耐张管、接续管、补修管等）无飞边、毛刺，且应平直，有明显弯曲时应校直，管体无穿孔、裂缝，管口外线材无明显烧伤、断股；引流板、并沟线夹螺栓应紧固，并使用弹簧垫片且应压平；引流板面间接触紧密、无间隙。

（11）检查导线相间距离：导线遇垂直排列转水平排列情况时，应认真检查导线相间距离，操作过电压最小间隙档距中不得小于 2.1m，塔头不得小于 2.4m。

（12）检查重要跨越导地线接头情况：导地线跨越铁路、高速公路或一级公路、110kV 及以上电压等级线路、通航河道以及人口密集地区等，应做到无接头。

（13）检查导地线补修、接续导、地线损伤补修、接续符合规定和相关工艺要求：在一个档距内，一根导线或避雷线只允许有一个接续管和三个补修管，张力放线时不应超过两个补修管。在补修管之间、补修管与接续管之间、接续管（或补修管）与耐张线夹之间的距离不应小于 15m，接续管或补修管与悬垂线夹中心的距离不应小于 5m。

（14）检查线夹：检查铝质绞线与金具线夹是否夹紧，安装处是否缠绕铝包带；铝包带的缠绕方向是否与外层铝股的绞制方向一致，铝包带露出夹口长度不应超过 10mm，且其端头应回夹于线夹内并压紧；预绞丝每条的中心与线夹中心是否重合，对导线的包裹是否紧固，检查预绞丝护线条的根数。

（15）检查防振锤及阻尼线：防振锤或阻尼线安装的数量和位置符合设计要求，并与地面垂直，其安装距离偏差不大于±30mm；防振锤无锈蚀，安装牢固，螺栓处装有弹簧垫片。

（16）检查地线及光缆接地：检查地线、光缆是否按设计要求接地，是否安装了引流线。

（17）检查光缆引下线：光缆引下线卡具的安装应保证光缆顺直、圆滑，不得有硬弯、折角。检查光缆引下线卡具安装是否牢固，引下线是否与塔身互磨，接线盒、余缆架安装是否牢固。

二、导、地线接续管台账建立

建立台账：制定档案资料管理制度，确定管理责任人。

三、跳线验收

1. 跳线验收标准

跳线验收标准如表 3-24 所示。

表 3-24　　　　　　　　　　跳线安装验收标准对照表

序号	项目名称	标准	备注
1	过引跳线安装工艺	跳线安装外观要求，线条自然流畅，曲线平滑美观，不歪扭	

续表

序号	项目名称	标准	备注
1	过引跳线安装工艺	跳线安装外观要求，线条自然流畅，曲线平滑美观，不歪扭	
		对杆塔电气间隙符合设计要求	
		跳线长度和弧垂与设计值应基本一致，尽可能使跳线受力合理，减少硬铝管纵向拉力	
		硬跳线铝合金管按制造长度的弯曲度应小于 5‰，硬跳线铝管地面组装要应用简易专用平台支撑，保证铝管连接的平整度和同心度	
		硬跳线铝管支撑间隔棒、连接间隔棒螺栓严格按要求进行安装，螺栓平、弹垫数量齐全，螺栓扭力矩达到标准要求，双螺帽安装先将第一颗螺栓紧固到位后，再安装第二颗螺栓	

间隙类型	控制值	
	1000m 海拔	1500m 海拔
工频电压间隙 d（m）	2.9	3.1
操作过电压间隙 d（m）边相 I 串	6.0	6.4
操作过电压间隙 d（m）中相 V 串	7.2（8）	7.7（8.1）

注：括号内数值为对上横担最小间隙值

序号	项目名称	标准	备注
2	螺栓紧固及穿向	跳线铝管支撑间隔棒、软导线间隔棒螺栓严格按要求进行安装，螺栓平、弹垫数量齐全，螺栓紧固符合产品说明书要求	
		螺栓穿向按导线耐张金具串规定执行	
3	跳线间隔棒	本工程耐张塔每相软跳线部分安装 8 个跳线间隔棒，分装于两个软跳线档。靠近耐张串的跳线间隔棒，安装在距耐张串引流端部距离约 1.0m 处；靠近钢管骨架处的跳线间隔棒，安装在距离钢管骨架端部约 1.5m 处，其余间隔棒按剩余软跳线长度等距离安装。跳线间隔棒型号为 FJGY－840/37D	
		跳线支撑装置长度为 12～14m 时，放置 10 套抱箍式间隔棒 FJGY－840/37DZ，跳线支撑装置长度为 15～16m 时，放置 14 套抱箍式间隔棒 FJGY－840/37DZ	
		跳线支撑装置长度为 12～14m 时，两跳线绝缘子串线夹间距取 8m；跳线支撑装置长度为 15～16m 时，两跳线绝缘子串线夹间距取 9m	
		每相跳线串需加装重锤片，每相安装 4 组重锤片，每组 10 片，每片净重 20kg。重锤片成组对称安装在钢管骨架上。要求重锤片不得与抱箍式跳线间隔棒及鼠笼篮架的夹持装置碰撞，且配重平衡。配重安装完毕后箍架应无明显变形，如发生变形，应调整重锤安装位置避免支撑管变形	
		跳线宜使用未受过张力的导线制作，跳线安装人员不能蹬踩跳线，保证跳线成形美观，整根跳线不允许有接头	

2. 跳线验收方法

跳线验收方法如表 3－25 所示。

表 3-25 跳线安装验收操作方法

序号	作业内容	作业工序及标准
测量跳线长度		
1	测量操作	测量人员携带测量工具登塔，沿软梯进入跳线，用皮尺测得跳线的长度 L
2	核对跳线长度	比对施工图纸核对跳线长度
测量跳线间隔棒安装距离		
1	测量操作	测量人员携带测量工具登塔，沿软梯进入跳线，用皮尺测得跳线的长度 L
2	核对跳线间隔棒安装距离	根据施工标准核对跳线间隔棒安装距离
测跳线与塔身空气间隙		
1	测量操作	1. 测量人员携带测量工具登塔，沿软梯进入跳线； 2. 站在跳线上用测距仪水平打到塔身上，测得跳线到塔身的空气间隙 a； 3. 站在跳线上用测距仪垂直打到横担上，测得跳线到横担的空气间隙 b
2	核对跳线对杆塔的空气间隙	按照标准空气间隙核对跳线与塔身和横担的空气间隙
3	现场核算	对所观测的数据进行复测核对，核对无误后方可计算结果，记录在案
4	作业结束	工作负责人清点工具和检查作业现场，无误后宣布作业结束

3. 跳线验收杆塔明细

以某 1000kV 线路跳线验收杆塔明细为例，如表 3-26～表 3-28 所示。

表 3-26 耐张塔跳线空气间隙

	海拔 H（m）		1000	1500
单回路	工频电压间隙 d（m）		2.9	3.1
	操作过电压间隙 d（m）（I 串）	边线 I 串	6.0	6.4
		中线 V 型串	7.2（8.0）	7.7（8.1）
	雷电过电压间隙 d（m）		不予规定	
	带电作业间隙（m）	边线 I 串	6	6.4
		中线 V 型串	6.7	7.2

表 3-27　　　　　　　　　　导线挂点处与塔身的水平距离

序号	运行杆塔号	塔位桩号	杆塔型式	导线挂点处至塔身距离（m）		
				左	中	右
1	001	DN1	DJ301020	13151	10000	16299
2	002	DN2	ZB30103D	7204	9100	7204
3	003	DN3	ZB30102D	7929	8802	7929
4	004	DN4	ZB30102D	7929	8802	7929
5	005	DN5	JC30104D	13189	10000	17185
6	006	DN6	ZB30103	8010	9500	8010
7	007	DN7	ZB30102	8010	8802	8010
8	008	DN8	ZB30102	8010	8802	8010
9	009	DN9	JC30101	11877	10000	11877
10	010	DN10	ZB30102	8010	8802	8010

表 3-28　　　　　　　　　　转角耐张塔跳线长度抽检表

序号	运行杆塔号	塔位桩号	塔型	转角度数	安装位置	跳线施工数据								
						单根跳线总长 L（m）	硬跳线支撑管长度 L_3（m）	跳线配重（kg）	小号侧			大号侧		
									跳线参考长 f_1（m）	最大弧垂 f_{01}（m）	平弧垂 L_1（m）	跳线参考长 f_1（m）	最大弧垂 f_{01}（m）	平弧垂 L_1（m）
1	001	DN1	DJ30102D	左 48°04′	内角	44.09	14	800	14.47	1.81	0.10	15.62	2.29	0.10
					中线	40.72	14	800	12.56	1.53	0.58	14.16	1.87	0.40
					外角	47.25	16	800	15.06	1.83	0.09	16.19	2.27	0.09
2	005	DN5	JC30104D	左 79°04′	内角	45.02	14	800	15.51	2.23	0.12	15.51	2.23	0.12
					中线	34.98	14	800	10.49	1.54	0.13	10.49	1.54	0.13
					外角	50.58	16	800	17.29	2.72	0.37	17.29	2.72	0.37
3	009	DN9	JC30101	左 20°26′	内角	44.97	14	800	15.54	2.34	0.12	15.43	2.31	0.13
					中线	49.98	16	800	16.98	2.32	0.73	17.00	2.32	0.69

续表

序号	运行杆塔号	塔位桩号	塔型	转角度数	安装位置	跳线施工数据								
						单根跳线总长 L（m）	硬跳线支撑管长度 L_3（m）	跳线配重（kg）	小号侧			大号侧		
									跳线参考长 f_1（m）	最大弧垂 f_{01}（m）	平弧垂 L_1（m）	跳线参考长 f_1（m）	最大弧垂 f_{01}（m）	平弧垂 L_1（m）
3	009	DN9	JC30101	左20°26′	外角	47.63	16	800	15.87	2.61	0.26	15.76	2.59	0.27

四、光纤复合架空地线验收

1. 光纤复合架空地线验收标准

光纤复合架空地线验收标准如表 3-29 所示。

表 3-29　　　　　　　　光纤复合架空地线验收标准对照表

OPGW 光缆安装指导标准		
序号	项目名称	标准
1	OPGW 复合光缆	复合光缆地线接头应符合设计规定，在指定位置接头
		引下线夹具的安装应保证光纤复合架空地线顺直、圆滑，不得有硬弯、折角
		OPGW 接地线由 OPGW 金具厂家配套提供，长度为 2500～3000mm
		接地线与杆塔的连接用 1 个 M16 螺栓，并加 1 个平垫和 1 个弹簧垫，利用预留接地孔可靠连接
2	OPGW 光缆引下线、接续盒及余缆安装	光缆统一由杆塔同侧不装脚钉的塔腿引下
		（1）光缆接续完成后，中间接续盒及余缆架安装在距杆塔基础顶面高 15m 处（高低腿杆塔短腿为准，无脚钉的塔腿侧）； （2）接续点处于门构架时，放在门构上的光缆终端接续盒应固定在距地面 1.5m 以上（左侧门构架腿）
		（1）引下线固定线夹在杆塔上安装间距约为 2m； （2）引下线与杆塔构件间应保持一定的间隙，以避免吹风时 OPGW 引下线与杆塔构件碰撞损坏。 （3）耐张串的接地线一端与光缆通过接地片连接，杆塔连接处应通过螺栓及杆塔接地用孔将接地线固定于塔身。耐张串的接地线有两种使用情况：一种是无接线盒的耐张塔，OPGW 直接通过，使用单根接地线；另一种存在中间接线盒的耐张塔，使用两根接地线。对于悬垂串的接地线，应利用附近临时安装用孔或位置适合的脚钉孔，用螺栓或脚钉将接地线与塔身固定。

序号	项目名称	标准
2	OPGW 光缆引下线、接续盒及余缆安装	（4）OPGW 的跳线分为直通型（非引下线跳线）和接续型（引下线跳线）。直通型耐张塔 OPGW 跳线弧垂在施工时应满足最小弯曲半径要求，对跳线弧垂的大小无特殊要求。跳线弧垂除应满足最小弯曲半径及施工工艺要求外，以在风偏时不与塔材相碰为原则，如施工完毕后，跳线弧垂距塔材较近，施工单位应据实际情况对耐张塔的跳线用 1～2 个引下线夹将跳线固定在塔材上，防止跳线与塔材摩擦损坏 OPGW 光缆。接续型（非引下线跳线）的安装应将两个耐张金具间的光缆用引下线夹（卡具）固定在杆塔上，光缆应圆滑地过渡，引下线夹（卡具）安装间距为 1.5～2.0m。 （5）OPGW 两端通常由厂家做过防水处理，要注意保护，在放线完成后进行光纤接续时方可打开防水密封。光纤熔接须由经受专门培训的合格人员完成，进行光纤熔接时应注意： 1）在剥离光纤的外层套管、骨架时不得损伤光纤； 2）雨雪、大风、沙尘或空气湿度过大时不应熔接； 3）光纤要对色熔接，熔接后应进行接头光纤衰减值测试，不合格者应重新熔接。 4）熔纤盘内接续光纤单端盘留量不少于 500mm，弯曲半径不小于 30mm，光纤要排列整齐。 5）接线盒内应无潮气并进行防水密封处理，安装时紧固螺栓应拧紧，密封条安装到位。 （6）OPGW 余缆架安装在杆塔距地面 6～8m 的位置高度的杆塔第一个横隔面隔材上，中间接头盒安装在地面以上杆塔第一个横隔面平台附近塔腿内侧，接线盒进出线要顺畅、圆滑，弯曲半径满足要求。 （7）进出线构架的终端接线盒及余缆架采用绝缘型，应使用抱箍卡具装在构架立柱上，多余的 OPGW 应以符合要求的直径用余缆架盘住，引下线及余缆架用抱箍卡具或钢带固定在构架立柱上。其中，终端接线盒安装在离地面 1.5～2m 的位置上，余缆架安装在终端接线盒上面的适当位置处
3	OPGW 防振锤安装	OPGW-170 型号光缆第一个防振锤线夹中心距离耐张（悬垂）线夹内层绞丝的距离为 600mm,此后的第二个、第三个及第四个防振锤依次按照 1000mm、（防振锤中心距）安装
		防振锤采用有大小头即不等臂形式，安装时防振锤大头朝档内，小头朝杆塔

2. OPGW 光缆测量方法

OPGW 光缆测量方法如表 3-30 所示。

表 3-30 光纤复合架空地线验收测量方法

序号	作业内容	作业工序及标准
1	测量操作	记录 OPGW 光缆安装的防振锤数量； 携带测量工具登塔进入 OPGW 光缆，用钢卷尺测量防振锤安装距离

序号	作业内容	作业工序及标准
2	核对防振锤数量及安装距离	根据图纸核对 OPGW 光缆安装的防振锤数量是否正确,防振锤的安装距离是否正确
3	作业结束	工作负责人清点工具和检查作业现场,无误后宣布作业结束

3. OPGW 光缆测量杆塔明细

OPGW 光缆测量杆塔明细如表 3-31 所示。

表 3-31　　　　　　　　OPGW 光缆测量杆塔明细表

序号	测量项目	测量范围
1	测量防振锤数量	全线核查
2	测量防振锤安装距离	全线导地线防振锤测量

五、次档距检查

检查导线:检查次档距是否合格、用绳测方法测量线路下方交叉跨越距离等,对发现问题进行红布条标记。

检查次档距是否符合要求:端次档距宜小于 33m,最大次档距宜小于 55m,其他次档距宜小于 45m,间隔棒宜不等距、不对称布置,有效防止次档距振荡。

第五节　通　道　验　收

通道验收工作内容主要包括通道环境检查、交叉跨越检查两个方面,下面将对各个方面进行详细阐述。

一、通道环境检查

1. 建(构)筑物

(1)导线下及保护内建(构)筑物等应签发二次《安全隐患告知书》。有无违章建筑,建(构)筑物等。

（2）建（构）筑物导线安全距离不足等。

2. 树木（竹）

（1）树木（竹）与导线是否安全距离不足等。

（2）线下及保护区内新种植的高杆树木，线路保护区外的超高树木。

3. 防外破

线路下方或附近是否有危及线路安全的施工作业及有施工迹象或长期闲置的圈地等，应有明显的警示牌或警示标语及现场防护措施。对已知外破点应有《电力设施保护通知书》及《安全隐患告知书》，对现场大型施工机械司机应进行输电线路防机械碰线宣传、粘贴安全警示帖。

4. 火灾

杆塔及线路附近是否有烟火现象，是否有易燃、易爆物堆积等（如煤堆、灰场等易漂浮、扬尘的物品）。

5. 防洪、排水、基础保护设施

无坍塌、淤堵、破损等。

6. 自然灾害

地震、洪水、泥石流、山体滑坡等引起通道环境的变化。

7. 道路、桥梁

巡线道（山区）、桥梁损坏等。

8. 污染源

出现新的污染源或污染加重等（如煤堆、灰场、化学品等）。

9. 采动影响区

出现裂缝、坍塌等情况，或线路附近有矿场，保护区内存在开挖现象等。

10. 其他

线路附近有人放风筝、有危及线路安全的漂浮物、线路跨越鱼塘无警示牌、采石（开矿）、射击打靶、藤蔓类植物攀附杆塔等。

导线边线保护区范围如表 3－32 所示。

表 3–32 导线边线保护区范围

电压等级（kV）	边线外距离（m）
110（66）	10
220～330	15
500	20
750	25
1000	30
±400	20
±500	20
±660	25
±800	30
±1100	40

二、交叉跨越检查

检查通道内交叉跨越的电力、通信线路、道路、铁路、索道、管道等，是否存在新增、名称错误、位置错误等情况，为测量组测量交跨提供准确信息。

第六节 测量数据验收

测量数据验收工作内容主要包括导、地线弧垂，杆塔倾斜度，接地电阻，基础混凝土强度，杆塔螺栓紧固度，交叉跨越距离六个方面，下面将对各个方面进行详细阐述。

一、导、地线弧垂

1. 检查导、地线弧垂

测量导、地线弧垂是否符合设计要求：

紧线工程紧线弧垂在挂线后应随即在该观测档检查，其弧垂允许偏差应符合下列规定：

（1）一般情况下允许偏差不应超过 +3%、-2.5%；

（2）跨越通航河流的大跨越档弧垂允许偏差不应大于 ±1%，其正偏差不应超过 1m；

（3）导线或架空地线各相间的弧垂应力求一致，各相间弧垂的相对偏差最大值不应超过下列规定；

（4）一般情况下相间弧垂允许偏差为 300mm；

（5）大跨越档的相间弧垂最大允许偏差为 500mm；

（6）同相分裂导线的子导线的弧垂应力求一致，其子导线的弧垂允许偏差为 50mm。

二、杆塔倾斜度

1. 架设仪器

（1）经纬仪安置在线路中线和通过塔位中心桩的线路垂线方向上（转角塔仪器安置在线路转角二等分线和二等分线的垂线上），也可以在杆塔的正面及侧面透视前后主材、斜材，如线重合时，在此方向上估略确定安置仪器的位置。

（2）仪器距塔的距离为 60～70m。

2. 观测操作

a、b、c 分别为正面横担、平口、接腿的中点，分别为横担、平口、接腿断面的中心点。如果杆塔结构无倾斜现象时，仪器在塔的四侧观测时，各应在一条竖直线上。根据不同的杆塔结构，测量方法有两种，具体如下。

（1）当杆塔接腿、平口有水平交叉斜材时：仪器安置在线路中线上，望远镜瞄准横担中点 a，固定上下盘，然后俯视接腿 c 点，如视线不与 c 点重合，而落于 c_1 点上，量出 c～c_1 点间的距离，即杆塔正面向 AB 侧的倾斜值。再将仪器移到杆塔的侧面（通过塔位中心桩与线路中线的垂线上）望远镜瞄准横担中心点，固定上下盘，然后俯视接腿点，如视线不与点重合，而偏于 c_2，量出与 c_2 间的距离，就是杆塔向 AD 侧的倾斜值。整基杆塔结构倾斜度按下式计算：

$$杆塔倾斜度 = \frac{\sqrt{\Delta x^2 + \Delta y^2}}{h} \tag{3-1}$$

其中，h 为自横担中心至接腿中心的垂直距离。

（2）当杆塔结构在平口、接腿处没有水平交叉斜材时：杆塔中点是不易找到的，应分别测出杆塔四侧的倾斜值，以平均值法计算出整基杆塔结构倾斜值。仪器分别安置在杆塔正面前后位置上，望远镜瞄准横担中点 a，然后俯视接腿水平铁中心 c，如视线都不与 c 点重合而偏于 c_1、c_2，量出其偏差值 d_1、d_2；再将仪器移到杆塔的两侧，依同法测出其侧面偏差值 d_3、d_4。依下列各式计算正、侧面及整杆塔结构的倾斜值。

$$正面倾斜值 \quad \Delta x = \frac{1}{2}(d_1 - d_2) \quad\quad (3-2)$$

$$侧面倾斜值 \quad \Delta y = \frac{1}{2}(d_3 - d_4) \quad\quad (3-3)$$

（3）当偏差值在接腿中点同侧时，结构倾斜值应线加除以 2；整基杆塔结构倾斜值按式（3-1）计算。

3. 现场核算

对所观测的进行复测核对，核对无误后方可计算结果，记录在案。

4. 作业结束

工作负责人清点工具和检查作业现场，无误后宣布作业结束。

三、接地电阻

1. 接地工程验收标准

接地工程验收标准如表 3-33 所示。

表 3-33　　　　　　　　接地工程验收标准对照表

序号	项目名称	标准	备注
1	一般规定	接地体的规格、埋深不应小于设计规定。接地体采用直径不小于 12mm 的镀锌圆钢	
		遇倾斜地形宜沿等高线埋设	
		两接地体间的平行距离不应小于 5m，接地体铺设应平直	
		应尽量避开电力电缆、通信电缆，天然气管道等地下设施，并满足有关规定要求。如不满足要求，接地装置射线需朝远离障碍物的方向铺设	
		附近有其他电力线路时，宜避免两线间接地体线连	
		接地体边框与基础立柱的最小距离应大于 0.5m	

续表

序号	项目名称	标准	备注
1	一般规定	接地装置埋设深度 0.8m 接地宽度，0.4m 接地线下加 0.1m 厚素土。特殊设计说明以图纸设计值为准	
		对基础露出高度超过 1.5m 的塔位，应对接地引下线采取固定措施	
		垂直接地体应垂直打入，并防止晃动	
		（1）接地体间应连接可靠。除设计规定的断开点可用螺栓连接外，其余应采用焊接方式连接。 （2）连接前应清除连接部位的浮锈。当采用搭接焊接时，圆钢与圆钢及扁钢的搭接长度应不少于圆钢直径的 6 倍并应双面施焊。 （3）扁钢的搭接长度应不少于其宽度的 2 倍并应四面施焊，并对埋地圆钢接头处应采取防腐措施。 （4）所有焊点及周围及氧化部位应涂沥青漆进行防腐。 （5）接地引下线与接地体之间连接、接地引下线与镀锌扁钢连接长度 75mm	
		接地引下线与杆塔的连接应采用双螺栓连接，并接触良好，可拆卸式防盗螺帽或普通螺帽均可（按运行要求）	
		接地电阻的测量可采用接地装置专用测量仪表。所测得的接地电阻值应不大于设计工频接地电阻值	
		当采用措施降低杆塔接地电阻时，采用成熟有效的方法和产品	
2	接地引下线的设置、安装工艺	杆塔为四条腿全接地型式，接地引下线按"风车转向"布置	
		平整、美观	
3	接地线连接螺栓	接地引下线与杆塔主材的连接应接触良好（垫片按"一平""一弹"配置），并便于运行测量接地电阻和检修	
4	柔性石墨接地体间连接标准	（1）柔性石墨接地体之间的连接采用非金属压接件，搭接长度不小于 20cm。压接件应具有连接强度大、耐老化、耐腐蚀性的特性。搭接点的电阻不应大于 3mΩ。 （2）镀锌圆钢引下线与石墨接地之间采用焊接方式连接，将定制镀锌钢套采用 50T 液压钳压接在石墨接地体末端，然后将扁钢引下线与定制镀锌钢套管焊接在一起，焊接长度不小于 120cm，保证三面焊接	
5	接地模块连接要求及参数	（1）接地模块与接地体之间的连接采用双面焊接且保证焊接牢固，焊接部位必须涂防腐材料，焊接长度不小于 100mm； （2）两接地模块间距离不小于 5m，单个接地模块接地电阻满足 $R \approx 0.16\rho$（ρ 为土壤电阻率），多块接地电阻模块接地电阻 $R_1 = R/nx$（接地模块间屏蔽系数取值 0.7～0.8）； （3）放射线的埋深 H：平地及耕种地区采用 0.8m（并应保证在耕作深度以下），山地 0.6m，岩石地区 0.3m，接地线下垫 0.1m 厚素土	

续表

接地装置相关设计参数

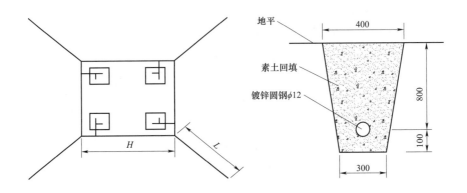

表　TS 型接地型式施工标准对照表

接地电阻型号	土壤电阻率（Ω·m）	工频电阻（Ω）	主要尺寸（m）		材料名称、规格及长度、重量				土石方量（m）
			H	L	引下线 φ12 镀锌圆钢	引下镀锌扁钢尺寸（mm）/（kg）	紧固件（kg）	总重（kg）	
TS	500＜ρ≤1000	20	15	20	4×4/14.2	50×185/1.162	可拆卸式防盗螺栓 M16×65 合计 8 个，共 1.608	143.08	44.10
			18	17					
			22	13					
			25	10					

按接地装置视图尺寸，挖 0.9m 深、顶部 0.4m、底部 0.3m 宽的沟，在沟内敷设圆钢，焊好接点，并将引线与方框焊接好，再回填土

表　接地装置视图尺寸

图号	s	h	k	d
2	0.9	0.8	0.4	0.3

备注：1. h 为模块顶面离地表距离；s 为基坑开挖深度；k 为顶部宽度；d 为底部宽度。
　　　2. 在沟内敷设圆钢，焊好接点并将引线与方框焊接好，再回填土

表　接地装置的工频电阻值要求标准对照表

土壤电阻率 （Ω·m）	$\rho \leqslant 100$	$100 < \rho \leqslant 500$	$500 < \rho \leqslant 1000$	$1000 < \rho \leqslant 2000$	$2000 \leqslant \rho$
工频接地电阻 （Ω）	10	15	20	25	30

2. 接地工程验收流程

接地工程验收流程如表 3－34 所示。

表 3－34　　　　　　　　　接 地 工 程 验 收 方 法

序号	作业内容	作业工序及标准
1	仪器调零及接线	（1）仪器电气零位检查：用短接线把 P、C、E 三个端子短接，电阻指针调至"0"位，档位调节到"×1"或"×10"档，此时摇动接地电阻测量仪手柄，指针应指在"0"位； （2）机械零位调整：测量时将仪器水平放置在平地上，然后调节接地电阻测量仪的机械零位调整旋钮，使测量仪的指针指在零位上； （3）检查测试线和测试棒：线体、测试线两端的鳄鱼夹、接线叉、测试棒需完好，各连接处牢固、紧密； （4）接地摇表选位：地面平整，且位置对于同一基塔的多个测试点均可实现方便测量； （5）施放测试线：横线路方向，C 线放出 40m，P 线放出 20m，P 线、C 线线距应大于 1m； （6）打入测试棒：使用榔头将接线棒打入地下，接线棒进入深度大于 0.6m； （7）连接测试线：C、P、E 及各连接点正确、接触良好（C 极连接 C 线，P 极连接 P 线，E 极连接 E 线，E 线另一端头连接被测试杆塔接地极）
2	测量及读数	（1）拆卸接地极：戴绝缘手套使用活口扳子一次拆卸完同一杆塔上所有接地极并打磨接触点，将 E 线鳄鱼夹装在接地极上，接触良好； （2）设置档位：应先调节到最大档位，以免电阻过大时打弯指针； （3）旋转摇柄：旋转摇柄时应由慢到快，并保持在 120r/min 进行读数； （4）读数并做好记录：指针与正中黑线重合不在左右摆动时，停止旋转摇柄，其刻度盘上的数据与倍率档数之积为所测接地电阻值
3	现场核算	对所测量的数据进行复测核对，核对无误后方可计算结果，记录在案
4	作业结束	恢复接地引下线：拆除各点接线，带上绝缘手套，使用活口扳子恢复接地引下线，并使各连接点连接牢固可靠。工作负责人清点工具和检查作业现场，无误后宣布作业结束

3. 接地工程验收杆塔明细

以某 1000kV 线路接地工程验收杆塔明细为例，如表 3－35 所示。

表 3-35　　　　　　　　　　接地工程验收杆塔明细表

运行桩号	施工桩号	接地形式	接地线规格	接地电阻设计值（Ω）	接地沟深度（m）	接地线长度				
						框线	L1（A腿）	L2（B腿）	L3（C腿）	L4（D腿）
001	DN1	TS	ϕ12	20	0.8	22.2	13.3	13.2	13.3	13.2
002	DN2	TS	ϕ12	20	0.8	22.15	13.25	13.3	13.3	13.25
003	DN3	TS	ϕ12	20	0.8	19.1	16.4	16.3	16.5	16.3
004	DN4	TS	ϕ12	20	0.8	22.7	12.6	12.6	12.6	12.8
005	DN5	TS	ϕ12	20	0.8	21.7	13.7	13.7	13.8	13.6
006	DN6	TS	ϕ12	20	0.8	19.3	13.1	13.2	13.1	13.3
007	DN7	TS	ϕ12	20	0.8	17.2	18.2	18.1	18.2	18.4
008	DN8	TS	ϕ12	20	0.8	17.1	18.3	18.2	18.3	18.4
009	DN9	TS	ϕ12	20	0.8	18.2	17.2	17.1	17.3	17.3
010	DN10	TS	ϕ12	20	0.8	19.1	16.2	16.1	16.3	16.2

四、基础混凝土强度

检查基础混凝土强度：测量基础混凝土强度是否符合设计要求。

五、杆塔螺栓紧固度

1. 组装

将扳手与要测量的螺栓相适应的套筒正确连接。

2. 测量

（1）根据工件所需扭矩值要求，确定预设扭矩值。

（2）预设扭矩值时，将扳手手柄上的锁定环下拉，同时转动手柄，调节标尺主刻度线和微分刻度线数值至所需扭矩值。调节好后，松开锁定环，手柄自动锁定；在扳手上方榫上装上相应规格套筒，并套住紧固件，再在手柄上缓慢用力。施加外力时必须按标明的箭头方向。当拧紧到发出信号"卡嗒"的一声（已达到预设扭矩值），停止加力，一次作业完毕。

（3）大规格扭矩扳手使用时，可外接长套杆以便操作省力。

（4）如长期不用，调节标尺刻线退至扭矩最小数值处。

3. 现场核算

对所观测的进行复测核对，核对无误后与标准扭矩表比照，记录在案并签字确认。

4. 作业结束

工作负责人清点工具和检查作业现场，无误后宣布作业结束。

六、交叉跨越距离

1. 交叉跨越测量验收标准

检查通道内交叉跨越的电力、通信线路、道路、铁路、索道、管道等是否满足《运规》规范要求的交跨距离。

交叉跨越测量验收标准如表 3-36 所示。

表 3-36　　　　　　　　　交叉跨越验收距离标准数据表

序号	项目名称	标准	备注
1	仪器仪表检查	测量用的仪器及量具在使用前必须进行检查。经纬仪最小角度读数不应大于 1′	
2	最大计算弧垂情况下导线对地面最小距离应不小于要求	对应线路标称电压等级（1000kV）	
	线路经过地区		
	居民区	27m	
	非居民区	22m	农业耕作区
		22（19）m	人烟稀少的非农业耕作区
	交通困难地区	15m	
3	最大计算风偏情况下导线与山坡、峭壁、岩石之间的最小净空距离	对应线路标称电压等级（1000kV）	
	步行可以到达的山坡	13m	
	步行不能到达的山坡、峭壁和岩石	11m	
4	导线与建筑物之间的最小垂直距离	15.5m	
	线路边导线与建筑物之间的最小净空距离	在最大计算风偏情况下	
		15m	
	边导线与建筑物之间的水平距离	不应小于 7m	

续表

序号	项目名称		标准	备注
5	导线与树木之间的垂直距离		14m	
	导线与树木之间的净空距离		在最大计算风偏情况下	
			14m	
	导线与果树、经济作物、城市绿化灌木以及街道行道树木之间的垂直距离		不应小于 16m	

1000kV 线路与铁路、公路、河流、弱电线路、电力线路及架空特殊管道交叉最小垂直距离			
项目			垂直距离（m）
铁路	至铁路轨顶	标准轨	27m 单回路、25m 同塔双回
	至电气化铁路承力索或接触线		10(16)m 单回路、10(14)m 同塔双回
公路	至路面		27m 单回路、25m 同塔双回
通航河流	至五年一遇洪水位		14m 单回路、13m 同塔双回
	至最高航行水位桅顶		10m
	至最高航行水位		24m 单回路、23m 同塔双回
不通航河流	至百年一遇洪水位		10m
	至冰面（冬季）		22m 单回路、21m 同塔双回
弱电线路	至被跨越物		18m 单回路、16m 同塔双回
电力线路	至被跨越物（杆顶）		10(16)m 单回路、10(16)m 同塔双回
架空特殊管道	至管道任何部分		18m 单回路、16m 同塔双回

注：括号内数字用于跨越杆（塔）顶

1000kV 线路与铁路、公路、河流、弱电线路、电力线路、特殊管道和索道水平接近距离的要求			
接近物	接近条件		最小水平距离（m）
铁路	杆塔外缘至轨道中心		交叉：塔高加 3.1，无法满足时可适当减小，但不得小于 40
			平行：最高塔高加 3.1，困难时双方协商确定
公路	交叉	杆塔外缘至路基边缘	15.0 或按协议取值
	平行	边导线距路基外缘　开阔地区	最高塔高
		边导线距路基外缘　路径受限制地区	15/13 或按协议取值
通航河流	边导线至斜坡上缘（线路与拉纤小路平行）		河堤保护范围之外或协议取值

续表

1000kV 线路与铁路、公路、河流、弱电线路、电力线路、特殊管道和索道水平接近距离的要求			
接近物	接近条件		最小水平距离（m）
不通航河流			
弱电线路	与边导线间	开阔地区 交叉	杆塔外缘至弱电线 20
		平行	最高塔高
	路径受限制地区（最大风偏情况下）		13/12
电力线路	与边导线间	开阔地区 交叉	杆塔外缘至电力线 20
		平行	最高塔高
	路径受限制地区（最大风偏情况下）		边导线间 20.0，最大风偏至邻塔 13.0
特殊管道和索道	边导线至管道和索道任何部分	开阔地区 交叉	最高塔高
		平行	天然气、石油：最高塔高 其他：风偏时 13
	路径受限制地区（在最大风偏情况下）		13

2. 交叉跨越测量方法

交叉跨越测量方法如表 3-37 所示。

表 3-37　　　　　　交叉跨越验收测量方法

序号	作业内容	作业工序及标准
1	选定仪器站点	（1）选择交叉跨越点，在地面投影位置垂直竖立塔尺； （2）在线路交叉角的平分线上的四个位置选择一个站点； （3）站点位置距离线路交叉跨越点 20～40m
2	仪器调平、对光、调焦	（1）在站点位置支好经纬仪； （2）仪器在站点上调平、对光，将镜筒瞄准塔尺，调焦
3	测距离	（1）将照准部锁紧螺旋及望远镜锁紧螺旋锁紧； （2）转动照准部微动螺旋使十字丝上下丝能夹住塔尺； （3）转动望远镜微动螺旋使十字丝与塔尺上某一起始刻度重合； （4）读出上丝及下丝所夹塔尺刻度； （5）利用公式计算水平距离 $A=(S_上-S_下)\times100$
4	测角度准备工作	（1）松开望远镜锁紧螺旋，将换向手轮转至竖立位置，换向手轮标记白线为垂直； （2）打开仪器竖盘照明反光镜并转动或调整装开角度并转动显微镜目镜，使显微镜中读数最明亮，清晰
5	测垂直角	（1）将镜筒瞄准上层导线、转动望远镜微动手轮；

序号	作业内容	作业工序及标准
5	测垂直角	（2）旋转竖盘指标微动手轮、使读数显微镜内见到有上下两部分影像线对移动； （3）锁紧望远镜制动手轮、使十字与导线精确线切； （4）使观察棱镜内看到的竖盘水准器水泡精确到上下格线符合为止，读出度、分、秒得β； （5）用同样的方法读出下层线的垂直角度α
6	计算	利用公式计算出交叉跨越间的距离 $h = A(\tan\beta - \tan\alpha)$

备注：对于影响运行的重要交跨必须采用绝缘绳进行测量（220kV 以上线路）

3. 交叉跨越测量点明细

以某 1000kV 线路交叉跨越测量点明细为例，如表 3-38 所示。

表 3-38　　　　　　　　　交叉跨越测量点明细

跨越档（施工桩号）	跨越档（运行桩号）	跨越物	备注
DN1-DN2	001-002	跨土路 3 次，跨光伏厂一处	不许接头
DN2-DN3	002-003	跨通信线 1 次，跨锡唐 110kV 电力线 1 次	不许接头
DN3-DN4	003-004	跨通信线 1 次，跨东杰 110kV 电力线 1 次	不许接头
DN4-DN5	004-005	跨通信线 1 次，跨 S307 省道 1 次，跨土路 1 次	不许接头
DN12-DN13	012-013	跨 10kV 电力线 1 次，跨土路 1 次	
DN15-DN16	015-016	跨博塔 220kV 电缆线 1 次，跨土路 2 次	不许接头
DN16-DN17	016-017	跨土路 1 次	
DN19-DN20	019-020	跨博塔 220kV 电缆线 1 次，跨土路 2 次	不许接头
DN21-DN22	021-022	跨 10kV 电力线 1 次	
DN22-DN23	022-023	跨胜利－蒙能 500kV 电力线 1 次，跨土路 1 次	不许接头
DN23-DN24	023-024	跨塔五 220kV 电力线 1 次，跨土路 1 次	不许接头
DN24-DN25	024-025	跨 10kV 电力线 1 次，跨水泥路 1 次	不许接头

第七节　无人机验收

无人机组验收工作内容主要包括影像巡视、安全监护、消缺现场管控三个方面，下面将对各个方面进行详细阐述。

一、影像巡视

由于地面影像采集角度受限不可避免地存在盲区，为避免重要设备缺陷和隐患遗漏，验收人员在进行验收时使用无人机对杆塔重要金具挂点、绝缘子串及存疑设备进行影像采集，以达到全方位、无死角验收。

以某 1000kV 线路挂点照片为例，如图 3-70 所示。

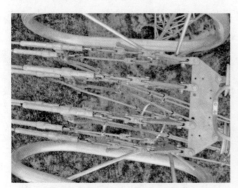

图 3-70 无人机组影像照片

1. 标准化巡视顺序流程

（1）交流单回路直线塔：杆号牌→全塔、塔头→基础→大、小号侧通道→左地线（光缆）挂点、防振锤等金具→左线上、下挂点、绝缘子整体→中线 V 串左、下、右挂点、附属设施等→右线上、下挂点、绝缘子整体→右光缆（地线）挂点、防振锤等金具。

（2）交流单回路耐张塔：杆号牌→全塔、塔头→基础→大、小号侧通道→小号侧左线横担端、导线端挂点→小号侧中线横担端、导线端挂点→小号侧右线横担端、导线端挂点→左地线（光缆）挂点、防振锤→左线、中线跳线串上下挂点→大号侧左线横担端、导线端挂点→大号侧中线横担端、导线端挂点→大号侧右线横担端、导线端挂点→右地线（光缆）挂点、防振锤→右线跳线串上下挂点。

（3）交流双回路直线塔：杆号牌→全塔、塔头→基础→大、小号侧通道→左地线（光缆）挂点、防振锤等金具→左回上中下三线上、下挂点→附属设施等→右回拍照。

（4）交流双回路耐张塔：杆号牌→全塔、塔头→基础→大、小号侧通道→左回小号侧下→中、上横担端挂点→拍左回小号侧下、中、上导线端挂点，拍左侧地线小号侧（光缆）挂点→左侧地线（光缆）大、小号侧防振锤→左回上、中、下跳串上下挂点→左回大号侧下、中、上横担端挂点→左回大号侧下、中、上导线端挂点→拍附属设施等→右回拍照。

（5）交流双回路换位塔：杆号牌→全塔、塔头→基础→大、小号侧通道→小号侧下、中、上横担端挂点→小号侧下、中、上导线端挂点、左侧地线（光缆）小号侧挂点→右光缆大、小号侧防振锤→左侧上下、大小号侧跳串上下挂点→拍大号侧横担端挂点→拍大号侧导线端挂点→右侧上下、大小号侧跳串导线、横担端挂点→右侧塔地线大、小号侧挂点→附属设施等→右回拍照。

（6）直流单回路直线塔：杆号牌→全塔、塔头→基础→大、小号侧通道→左侧地线（光缆）大、小号侧防振锤→极Ⅰ、极Ⅱ上挂点→右侧地线（光缆）大、小号侧防振锤→极Ⅰ、极Ⅱ下挂点→附属设施等。

（7）直流单回路耐张塔：杆号牌→全塔、塔头→基础→大、小号侧通道→小号侧极Ⅰ横担端、导线端挂点→极Ⅰ跳线串上、下挂点→左侧地线（光缆）大、小号侧防振锤→大号侧极Ⅰ横担端、导线端挂点→附属设施等。

2. 照片查看

（1）杆号牌：杆号牌、相位牌、警示牌损坏、丢失，线路名称、杆塔号、字迹不清等。

（2）基础：基础回填土是否下降；接地装置严重锈蚀，埋入地下部分外露、丢失。

（3）塔头、全塔：查看塔上有无异物悬挂，问题鸟巢，塔材缺失、变形，螺栓松动及缺失、杆塔倾斜、横担歪扭及部件锈蚀、变形；玻璃绝缘子是否自爆、积污严重；有无复合绝缘子积污严重、鸟啄现象、挂霜和雪松、绝缘子串严重偏斜、绝缘子闪络痕迹和局部火花放电现象；耐张引流线有无缠绕、扭绞、间隔棒掉爪、支撑臂及防磨附件损坏等现象；导线锈蚀、断股、损伤或闪络烧伤；导线是否覆冰；导线弛度变化，相分裂导线间距的变化；相分裂导线的鞭击、扭绞；导线的上扬、振动、舞动、脱冰跳跃情况；跳线与杆塔空气间隙的变化；导线对地，对交叉跨越设施及对其他物体距离的变化；

是否有覆冰情况；避雷线锈蚀、断股、损伤或闪络烧伤；避雷线在线夹内滑动；光缆的上扬、振动、舞动、脱冰跳跃情况；避雷线弛度变化，相分裂导线间距的变化。

（4）大、小号侧通道：线路附近修建道路、铁路等；线路附近出现的高大机械及可移动的设施；防护区内架设或敷设架空电力线路、架空通信线路、架空索道、各种管道和电缆；防护区内的建筑物，可燃、易爆物品；防护区内进行的土方挖掘、建筑工程和施工爆破；其他不正常现象，如江河泛滥、山洪、杆塔被淹、森林起火等。

（5）附属设施：在线监测等附件是否损坏、丢失。

（6）挂点照片：查看销针、螺母数量是否与金具组装图一致；查看金具本身有无损坏、锈蚀，接触部位有无磨损现象，销针、螺帽有无缺失、脱出；导、地线耐张压接管、直线接续管有无抽头现象；引流板螺栓有无松动、缺失现象；导、地线挂点部位有无与金具磨损问题。

防舞金具照片（间隔棒）：检查间隔棒有无损坏、松动位移、胶皮缺失、掉爪、穿钉销针缺失或脱出现象。

注：查看巡视照片时，配合相应《××线路状态图》在手机、电脑上直接查找设计图纸，了解各位置金具使用情况、螺栓和销针的数量，遇到不认识的金具可以查找对应标准命名。

重点查看金具连接处有无磨损、裂纹、变形等，销针、螺母有无缺失，线夹附件导、地线有无磨损、断股、抽头、脱出等问题。

3. 巡视资料整理

（1）巡视照片按照文件夹分类整理，且文件名名称规范、标准。

（2）巡视、验收严格执行日汇报制度。

4. 缺陷照片采集

由于线路差异化设计同一输电线路不同区段金具组成存在差异，因此各相应线路需结合设备实际金具组装设计图进行缺陷照片采集。

二、安全监护

对现场走线、登塔人员进行视频安全监护，及时发现并制止塔上作业人员违章行为。

以某 1000kV 线路验收安全监护为例，如图 3 - 71 所示。

图 3-71　无人机组安全监护照片

三、消缺现场管控

使用无人机拍摄缺陷部位消缺前后照片，视频监控缺陷消除过程，保证消缺工艺和质量符合要求。

以某 1000kV 线路为例，028 号塔左线小号侧导线端平行挂板缺销针，消缺前后照片如图 3 - 72 所示。

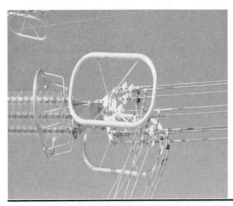 

(a) 消缺前　　　　　　　　　　　　　　(b) 消缺后

图 3-72　某 1000kV 线路 028 号塔左线小号侧
导线端平行挂板缺销针消缺前后示例

第八节 验 收 复 核

复核的工作是在验收工作中"去粗取精，去伪存真"和"查缺补"的最后一道工序。

通过复核，可以减少、消除人员与环境带来的误差，使得验收数据更加适当充分、流程更为科学完善、缺陷与隐患更加恰当准确，把所有问题控制在验收规范要求的范围中，并且保证验收计划顺利执行，节约问题复查时间，提高验收效率。复核影像资料、测量数据等与地面组、测量组的验收工作同样重要，它是保证资料完整与真实的必要步骤。因此，每一位复核人员，必须熟悉地面组、测量组等的职责与工作内容，并且在发现问题的当日必须进行问询与交流，对发现的缺陷、隐患重新访问或是核实，以增加准确性。工作流程主要有：

首先是任务分配。由复核组组长将复查照片、测量数据等按照任务类别、时间合理分配给组内成员。其次是初步复查，对照验收方案中的任务，逐组对照，找出未发现、描述错误、计算错误等的问题，剔除或修改其中错误数据。然后登记记录后汇总到一处，通过再次讨论与分析增加准确性。最后将汇总表移交至相关负责人处。

复核组验收工作内容主要包括设备照片复核与测量数据复核两个方面。

一、设备照片复核

对地面组、无人机组拍摄的设备影像资料进行逐张复核，检查因验收人员知识盲区导致的遗漏。

在复核过程中，一般以天为单位，进行资料的整理与复核。一是找出遗漏项，并删除错误缺陷、隐患，为之后的编写报告工作作准备。二是及时纠正错误描述，针对缺陷描述错误或者模糊进行修改，并及时更新、反馈。

二、测量数据复核

对测量组记录的测量数据重新计算，针对有疑问数据要向测量组询问清楚，通过多方演算保证结果准确性，并签字确认。

第九节　资　料　验　收

一、接收核对工程移交资料

项目档案验收是项目竣工验收的重要组成部分。未经档案验收或验收不合格的项目，不得进行项目竣工验收。依据《国家电网公司电网建设项目管理办法》及《国家电网有限公司电网建设项目档案验收办法》进行新建特高压输电线路建设项目档案资料接收和管理工作。确保档案的完整、准确、系统、安全和有效利用。

归档文件材料应齐全、完整、准确，符合其形成规律；分类、组卷、排列、编目应规范、系统。

归档的文件材料应字迹清晰，图标整洁，签字盖章手续完备。书写字迹应符合耐久性要求，不能用易褪色的书写材料书写、绘制。

在项目投产后 3 个月内，向运行单位移交属于运行单位应当归档保管的项目档案。

运行单位在项目竣工投产后 3 个月内，向建设管理单位移交在生产技术准备和试运行中形成的文件材料。

接收后的档案资料应存放在专门的档案室内进行管理。一条特高压输电线路的档案资料存放在一个档案柜内，在档案架上按照分类类目号依次排列，不得与其他线路工程资料混装。

档案资料归档后，建立电子台账。制定档案资料管理制度，确定管理责任人。

档案室如图 3-73 所示。

二、建立 PMS 系统基础数据

线路工程投运前，对应 PMS 系统基础数据应录入完毕。PMS 系统基础数据录入工作，依据《国网蒙东电力输电运检专业工作手册》开展，于同源系统里维护，PMS 系统直接进行数据回流，完成数据录入。

图 3-73　标准化线路项目资料档案室

1. 主要要求

（1）新投线路，所属班组在投运前 7 天完成线路信息的维护及审核工作，在投运当天完成发布及调度确认，并在投运后 3 天内完成线路设备的初始化工作。

（2）新投具备调度铭牌的设备，设备主人需提前完成调度铭牌申请，在设备维护时选择已批复的调度铭牌，实现设备和调度铭牌、设备图形的关联。

（3）新投线路设备，在维护图形时同步创建设备台账，设备主人在设备投运后 3 天内完成设备详细参数维护。

（4）新投生产辅助设施，设备主人在设备投运后 10 天内完成维护、审核工作。

2. 主要业务流程

主要业务流程图如图 3-74 所示。

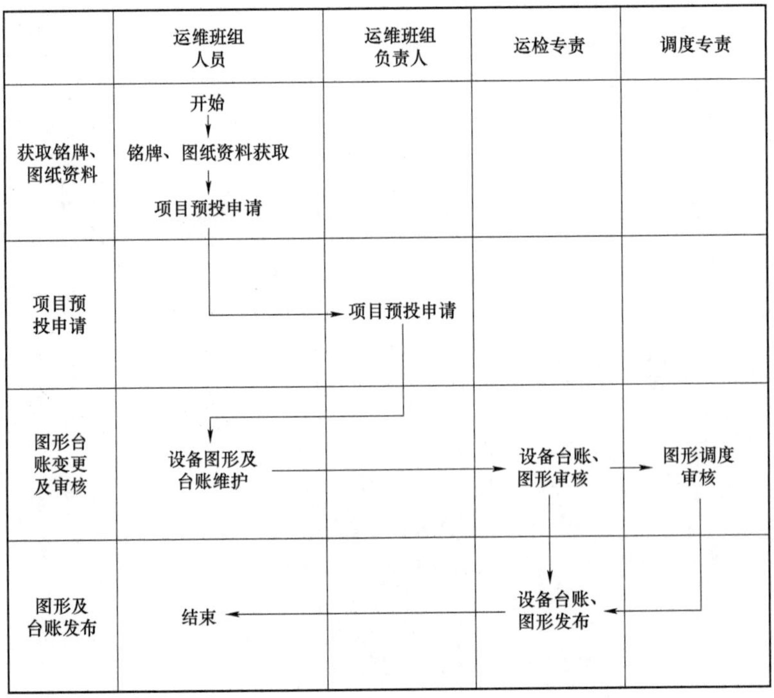

图 3-74　主要业务流程示意图

3. 功能介绍

设备在新投、状态或参数发生变更时，需要在系统中发起设备变更流程进行设备图形和台账维护。

功能菜单：同源系统-输电设备台账管理-项目预投。

主要功能：输电设备台账管理、项目预投、数图维护、新建杆塔、设备台账维护、数据检查、预沿布、提交、设备图形和台账审核、设备图形和台账发布。

流程说明：主要流程包括设备电系铭牌申请、图纸资料获取，项目预投，设备台账维护，设备图形和台账维护，设备图形和台账审核，对于影响电网系统的图形变更发送调度审核，审核结束后发布。

三、编制线路通道状态图

在建立 PMS 系统基础数据后，应着手编制线路通道状态图。线路通道状态图在整体上涵盖线路路径，交叉跨越情况，以及自然气象、鸟害、污区等特殊区域划分，巡视路线图；又细化到建设概要、运行记事、故障记录、线路变革、导地线分布图，导线接点、接点测温记录等详细信息；每一基杆塔都有详细的塔位坐标、塔型、金具组装、地线及光缆明细，接地电阻测量记录等塔位明细。

通道状态图是可以放入手机等移动设备随身携带的线路数据库。能有效解决验收及运维现场图纸、运维记录及设备基础信息查询不便等问题。通道状态图如图 3-75、图 3-76 所示。

图 3-75　1000kV 线路通道状态图（示例）

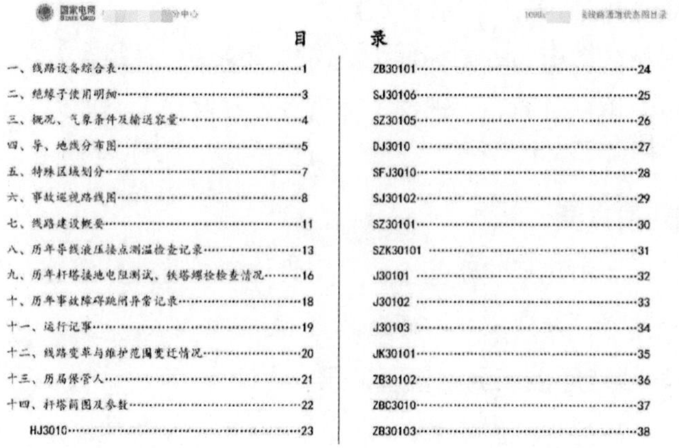

图 3-76　1000kV 线通道状态图目录（示例）

1. 线路设备综合表

线路设备综合表中应包含线路名称、电压等级、杆塔、导线等线路基本信息，能够直接、清晰地找到所需线路数据，"并架杆塔及其说明"部分要用相应的线路色标区分。

2. 绝缘子使用明细

绝缘子使用明细中应包含线路所有型号绝缘子的基本信息，并按照绝缘子型号统计出具体杆塔号，最后标注出污区等级、污染源长度等，方便后续运行维护。

3. 概况、气象条件及输送容量

概况、气象条件及输送容量中除了档距、耐张段等信息外，还应包括设计气象条件、风区等级划分，方便后期运行中划分线路振动、舞动区段。

4. 导地线分布

导地线分布中包括导线相位分布图、地线分布图，导线相位分布图中应用对应颜色区分相别，并注明换位塔具体塔号。

5. 特殊区域划分

特殊区域划分中包括鸟害区、污秽区、防雷区、外力破坏区、防风区、舞动区、防洪区等，并注明具体塔号、频发时间、防范措施，通过特殊区段的划分，进行线路差异化运检，提升线路安全运行可靠率。

6. 事故巡视路线图

事故巡视路线图中通过图标标注、简化线路巡检便道，发生事故后能马上找到便道路口，第一时间到达现场，并划分责任区段，写明联系方式，将责任制落实到人。

7. 线路建设概要

线路建设概要中包括线路基本信息、设计施工监理单位等，写明不同绝缘子所使用的具体塔号及厂家，方便后续查找。

8. 历年导线液压接点测温检查记录

历年导线液压接点测温检查记录中写明检测时气象环境及温度，通过历年测温记录可以直观地看到各处的温度详细变化。

9. 历年杆塔接地电阻测试、杆塔螺栓检查情况

历年杆塔接地电阻测试、杆塔螺栓检查情况中写明不合格接地电阻阻值、杆塔号及措施，保证线路接地连接可靠。

10. 历年事故障碍跳闸异常记录

历年事故障碍跳闸异常记录中包括故障情况、原因及对策，详细记录故障发生时的具体情况。

11. 运行记事

运行记事中包括线路运行阶段的设备变化情况，污秽等级变化等，直观地体现出设备变化，方便后续制定防治措施。

12. 线路变革与维护范围变迁情况

线路变革与维护范围变迁情况中包括线路建设、投运、检修等重大事件的时间与简单描述，也包括运维班组的变迁。

13. 历届保管人

历届保管人中包括保管单位、审核人、建立整理人，根据起止时间划分责任范围。

14. 杆塔简图及参数

杆塔简图及参数中包括线路所使用的各种类型杆塔，通过代号、颜色划分直线、耐张、换位等杆塔，并注明呼称高、基数等详细数据。

15. 条图

条图中包括线路设备所有信息，并用数据、图示等详细，是通道状态图最主要的部分。

16. 金具组装图

金具组装图中包括线路所使用的全部金具，与图纸中金具组装图对应，方便快速寻找杆塔所用的具体金具及部位。

17. 塔位明细

塔位明细中包括杆塔档距、转角度数、绝缘子金具型号等，在测量时可以快速找到所需要的信息。

18. 导地线及光缆接点分布明细

导地线及光缆接点分布明细中包括导线、地线、光缆的接点分布，在检测

接点温度时可以快速找到具体位置。

19. 线路坐标

线路坐标中包括全部杆塔的经纬度，格式为小数点后八位。

20. 线路路径

线路路径中包括地图软件的杆塔位置截图，通过输入杆塔经纬度坐标，在地图软件上定位具体位置，可以直观地看到线路所处地形变化。

21. 交叉跨越

交叉跨越中包括线路跨越、钻越其他建筑物、线路的位置和交叉点最小距离等信息，可以快速查找到三跨信息。

四、备品备件接收

工程竣工后施工单位应将剩余材料移交给运行单位作为线路工程备品备件。备品备件依据《国家电网公司备品备件管理规定》进行管理，保障日常运维检修工作的开展。

接收后的备品备件应存放在专门的备品备件仓库，各种金具材料在柜上码放整齐，每个金具柜张贴标签。标签上写明对应金具的类别、名称及型号，便于运维检修时取用。制作备品备件台账，建立备品备件领用制度。

备品备件标签如图 3-77 所示。

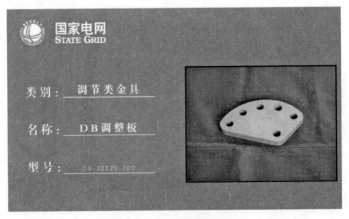

图 3-77　备品备件标签

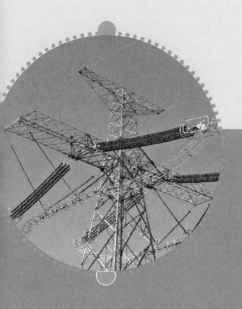

第四章

验收新技术

第一节　基于电力北斗技术的无人机立体验收模式

为提升工作质效、保障作业人员安全，进一步推动"无人机为主，人工为辅"的验收方式，运用电力北斗 RTK 数字技术和无人机一键自主飞巡，并对无人机验收组再次进行立体化，对新建线路设备开展精细化、全方位验收，切实提高验收效率、降低人员登塔安全风险。

一、技术支持

首先基于电力北斗技术，无人机能精准飞到航点并准确拍摄记录位置，自动生成飞巡航线，再配合相关 App，即可实现自主飞巡。机手只需"一键起飞"，无人机就能按照采集好的航线完成对应线路杆塔的智能巡检，并结合平台智能识别缺陷故障。

二、结构细化

将无人机验收组进一步划分，分为固定翼组、三维建模组和精细化组。

固定翼组验收人员通过电力北斗技术生成航线，应用无人机对新建线路通道进行正射拼图，整体掌握线路走向、保护区地质地貌、外破隐患点等；

三维建模组验收人员应用多旋翼无人机搭载激光雷达镜头对线路进行三维建模，采集相关三维空间数据，通过软件分析出具导地线弧垂、杆塔倾斜、树障、交叉跨越等分析报告；

精细化组验收人员应用无人机开展可见光精细化验收，对线路金具、绝缘子、附属设施、间隔棒等进行近距离、全方位验收并拍摄照片，通过人工及缺陷识别软件配合进行缺陷分析。

三、应用前景

通过固定翼组、三维建模组和精细化组的滚动验收，实现从大环境到小细节全覆盖验收的工作目标。这不仅大幅度减少作业人员登塔危险，还能有效提升缺陷识别效率，指导作业人员更快速地开展验收工作，极大提高了验收作业质量和效率。

第二节 特高压绝缘子零值监测机器人

特高压输电线线路里程长、跨度大、杆塔多，绝缘子使用数量多、种类多，要了解绝缘子的优劣情况，主要从两个方面来分析。一方面是绝缘子的防污闪能力，依据电网污闪经验可知，绝缘子运行中积污严重会导致其绝缘能力下降，发生污闪的概率增大，运行人员要了解运行中绝缘子的积污情况，就要对其进行适时检测和监控。

传统的绝缘子检测方法劳动强度大，超过 5m 的绝缘子串绝缘杆无法抵达，带电最高可检测 500kV 电压等级线路，检测项目单一，带电只能检测分布电压，无法实现阻值测量，检测精度差，带电情况下通过分布电压来间接判断绝缘子片优劣，属于定性判断，常出现误判、漏检等情况。

一、本体结构和技术指标

绝缘子串检测机器人主要由机器人本体和机器人遥控器组成。机器人能够检测绝缘子片的阻值和外观缺陷。遥控器可实时监控绝缘子串检测机器人，并可查看实时视频、记录检测数据，见图 4-1。

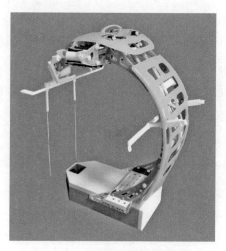

图 4-1 绝缘子串检测机器人

二、作业流程

机器人使用的时候需要吊装到铁塔上,作业人员携带绝缘绳和滑轮爬塔。将滑轮固定于杆塔横担处或者绝缘子串低压侧金具上并穿过传递绳。

将传递绳的锁扣锁在机器人的吊环上,吊装机器人。作业过程中保证机器人与高压电输电线缆保持一定的安全绝缘距离,避免机器人碰触铁搭,防止造成机器人损坏和人员伤害。机器人外壳全部采用绝缘材料,不会发生拉弧放电现象。

塔上作业人员拿到机器人后,将机器人挂在靠近杆塔的一片绝缘子上。机器人整体形状呈弯钩状,只需作业人员将机器人从绝缘子串的右上方将机器人开口插入绝缘子串即可。

(1)将机器人检测探针向左上方摆开,并将机器人从绝缘子串右上方向左下方插入到绝缘子串上。

(2)将机器人安放于耐张双联串的右侧的绝缘子串上。

(3)机器人安放完毕。

安放完毕后,机器人自主沿输电线路绝缘子串行走,行走过程中,对绝缘子逐片检测。检测完毕后自主返回绝缘子串杆塔一侧。

三、应用前景

应用绝缘子检测机器人(见图4-2)后,只需一人爬塔安装机器人,剩余工作全部机器人自动完成。带电最高可检测 1000kV 电压等级线路,检测项目多样,可实现电阻检测、分布电压检测、外观检测。检测精度高,带电检测误差 1%左右,建立绝缘子片阻值数据库,精确判断绝缘子片状态,可及时发现临界损坏绝缘子片。

机器人具备电阻测量,自动判断低零值绝缘子片、声光报警、阻值曲线绘制等功能,且通过机器人的摄像头可以实现绝缘子片的外观检测,及时发现绝缘子表面破损、绝缘子裂纹、绝缘子钢脚钢帽连接状态。

图 4-2　绝缘子检测机器人

第三节　无人机 + X 光无损技术探伤装置

目前，架空输电线路广泛使用压缩型耐张线夹，耐张线夹运行过程中不仅要承载电流负荷，还要承受水平和垂直方向的导地线张力，其本身质量和压接可靠性对架空输电线路安全稳定运行至关重要。由于耐张线夹制作过程属于隐蔽工程，验收环节无法凭借外观检测查出内部多压、漏压、欠压、毛刺、变形等缺陷。耐张线夹内部存在缺陷可能造成局部发热、金具或导地线断裂等故障，威胁架空输电线路本体安全。

以往，运维人员无法直观判断耐张内部故障，每次检查时，需登塔才能发现缺陷，工作步骤烦琐，难度大，耗时长。无人机 + X 光无损技术探伤装置（见图 4-3）包括由无人机挂载的挂载件以及与挂载件连接的控制仪和摄像头。作业时，首先将 X 光耐张线夹检测装置吊装在耐张线夹位置处，利用 X 射线发生器将耐张线夹的内部情况通过数字成像板成像，形成 X 数字光片，经数字转换实时传送至地面作业人员的笔记本电脑上，呈现 X 光片的画面。

该装置实现了 X 射线装置小型化、采集图像清晰化和线夹全方位拍摄等多种新功能，将原先需 3 人配合拖拽 20kg 设备、1 人登塔、耗费 3h 的工作任务变为仅需 1 人操控无人机、1 人在现场监督、1h 即可完成检测工作，不仅提高了工作效率，也避免了人工操作的射线辐射、登塔作业带来的安全风险。

图 4-3　无人机＋X 光无损技术探伤装置

附录 标准化作业指导卡

　　为做好验收前的准备工作，认真进行危险点分析，制定完善的安全措施，准备齐备验收所需工器具，明确各验收小组的职责和分工，在验收之前编制输电线路竣工验收标准化作业指导书。

输电线路竣工验收标准化作业指导书

编写：＿＿＿＿＿＿＿＿　　＿＿＿＿年＿＿月＿＿日

审核：＿＿＿＿＿＿＿＿　　＿＿＿＿年＿＿月＿＿日

批准：＿＿＿＿＿＿＿＿　　＿＿＿＿年＿＿月＿＿日

作业负责人：＿＿＿＿＿＿＿

作业日期：20＿＿年＿＿月＿＿日＿＿时至20＿＿年＿＿月＿＿日＿＿时

××电力公司

一、验收前准备作业指导卡

（一）人员要求

验收人员要求如附表 1 所示。

附表 1　　　　　　　　　验 收 人 员 要 求

√	序号	内容	备注
	1	作业人员应精神状态良好	
	2	必须熟练掌握《架空输电线路运行规程》和《110kV～750kV 架空输电线路设计规范》《110kV～500kV 架空电力线路施工及验收规范》，并熟练掌握线路验收及检验的方法	
	3	必须熟练掌握《国家电网公司电力安全工作规程（线路部分）》有关知识，经年度考试合格，持有本专业资格证书并经批准上岗	
	4	验收前必须经过本工程的验收交底，且掌握竣工验收项目及标准的内容	

（二）危险点分析

验收危险点分析要求如附表 2 所示。

附表 2　　　　　　　　　验 收 危 险 点 分 析

√	序号	内容
	1	验收人员的身体状况不适、思想波动、不安全行为、技能水平能力不足等可能带来的危害或设备异常
	2	穿越线路沿线跨越的公路、高速公路、铁路车辆对验收人员可能造成的危害
	3	通道内枯井、沟坎、鱼塘、犬类等，可能给验收人员安全健康造成的危害
	4	登塔前，未检查个人安全工器具，高处作业时，安全带、后备保护绳断裂，引发高空坠落事故
	5	攀登杆塔时由于脚钉松动、塔材覆冰或没有抓稳踏牢，易发生高空坠落
	6	安全带没有系在牢固的构件上或没有系好安全带易发生高空坠落
	7	作业点下方站人，高空坠物伤及地面作业人员
	8	验收线路跨越带电线路，线路有感应电易发生人身触电
	9	验收的线路两端已接入变电站出线刀闸应视为带电设备，防止发生人身触电

（三）安全措施

验收安全措施要求如附表3所示。

附表3 验 收 安 全 措 施

√	序号	内容
	1	验收人员对所使用的各种工器具检查是否完备良好
	2	穿越公路、铁路时，做到一站二看三通过，禁止横穿高速公路
	3	工作人员必须着装整齐，正确佩戴安全帽
	4	验收时应注意人身安全，防止跌入阴井、沟坎和被犬类等动物攻击
	5	工作人员在上、下塔时，要精力集中、稳上稳下
	6	在工作中使用的工具、材料必须用绳索传递，不得抛扔
	7	塔上作业人员在转移位置时不得失去安全带的保护
	8	下绝缘子串时，作业人员必须正确使用后备保护绳，后备保护绳必须系在横担牢固的构件上，并检查扣环是否扣牢
	9	作业点下方，严禁站人
	10	作业现场必要时办理工作票，严格执行停电、验电、挂接地线制度，遇有感应电压时必须加挂临时接地线

（四）验收工器具及材料、资料

验收工器具及材料、资料要求如附表4所示。

附表4 验收工器具及材料、资料

√	序号	名称	规格	单位	数量	备注
	1	扭力扳手		套	1	
	2	垂线	28m	根	1	
	3	三角板		套	1	
	4	皮尺	30m	把	1	
	5	钢卷尺	5m	把	1	每小组的配置
	6	接地摇表	ZC-8	只	1	
	7	锹		把	1	
	8	镐		把	1	
	9	安全带		根	2	

续表

√	序号	名称	规格	单位	数量	备注
	10	后备保护绳		根	2	
	11	验收标准及表格		套	1	每小组的配置
	12	望远镜		台	2	
	13	相关资料		套	1	
	14	经纬仪（全站仪）		台	1	
	15	塔尺（镜）		套	1	
	16	计算器		只	1	暂不列入验收领导组，必要时组织
	17	记录本		本	1	
	18	笔		支	1	
	19	相关资料		套	1	

（五）验收职责及分工

验收职责及分工如附表 5 所示。

附表5　　　　　　　　　　验 收 职 责 及 分 工

验收人员 分组及职责	资料组职责分工	接收核对工程移交资料
		接收备品备件
		建立 PMS 系统基础数据
		编制线路通道状态图
		编写竣工验收方案
	地面组职责分工	安全监护
		质量监督
		影像巡视
		配合走线组
	登塔组职责分工	登塔检查
		引流线测量
		杆塔螺栓扭矩
	走线组职责分工	导地线、绝缘子、金具检查
		次档距检查
		导、地线接续管台账建立

验收人员分组及职责	测量组职责分工	接地电阻
		导、地线弧垂
		杆塔倾斜度
		基础混凝土强度
		杆塔螺栓紧固度
		交叉跨越距离
	通道组职责分工	通道环境检查
		交叉跨越检查
	无人机组职责分工	影像巡视
		缺陷照片采集
		安全监护
		消缺现场管控
	复核组职责分工	设备照片复核
		测量数据复核

二、资料组验收作业指导卡

资料组验收详细作业指导卡如附表 6 所示。

附表 6　　　　　　　　　　资料组验收作业指导卡

√	序号	作业项目	验收内容和标准	验收评价	责任人签字
	1	接收核对工程移交资料			
	1.1	归档文件材料要求	查看竣工图纸： （1）设计变更是否在竣工图纸上进行了修改； （2）竣工图纸是否齐全（对照图纸总说明书）； （3）竣工图纸是否含有各塔基的土质资料； （4）设计单位提供耐张塔的 GPS 坐标。 施工记录： （1）路径复测记录表； （2）岩石、掏挖杆塔基础检查及评级记录表； （3）现浇杆塔基础检查及评级记录表； （4）自立式杆塔组立检查及评级记录表； （5）导、地线展放施工检查及评级记录表； （6）导、地线直线液压管施工检查及评级记录表； （7）导、地线耐张液压管施工检查及评级记录表； （8）紧线施工检查及评级记录表（耐张段）； （9）附件安装施工检查及评级记录表；		

√	序号	作业项目	验收内容和标准	验收评价	责任人签字
	1.1	归档文件材料要求	（10）对地、风偏开方对地距离检查及评级记录； （11）交叉跨越检查及评级记录； （12）接地装置施工检查及评级记录（接地走向示意图）； （13）线路防护设施检查及评级记录； （14）OPGW 展放记录； （15）OPGW 紧线记录； （16）OPGW 光缆连接记录； （17）OPGW 附件安装（接头盒、引下线等附件安装）。 材料合格证及试验报告： （1）砂、石、水泥、水的检验报告； （2）水泥出厂合格证； （3）配合比试验报告； （4）基础钢筋焊接试验报告； （5）钢筋质量证明书； （6）地脚螺栓出厂合格证（斜插角钢出厂合格证）； （7）杆塔出厂合格证； （8）导线、地线、金具出厂合格证； （9）绝缘子出厂合格证及检验报告； （10）导、地线压接试验报告。 通道协议： （1）房屋及其他建筑物的拆迁协议； （2）树木砍伐许可证； （3）青苗结算证明是否覆盖所有塔号，并提供一份原件； （4）提供的协议是否与收据一致，协议是否每页均有盖章或签字，协议和收据是否存在改动痕迹； （5）沿线重大跨越技术协议。 其他： （1）绝缘子厂家的技术协议； （2）金具厂家的联板加工图		
	1.2	材料移交要求	在项目投产后 3 个月内，向运行单位移交属于运行单位应当归档保管的项目档案。 运行单位在项目竣工投产后 3 个月内，向建设管理单位移交在生产技术准备和试运行中形成的文件材料		
	1.3	资料归档要求	接收后的档案资料应存放在专门的档案室内进行管理。一条特高压输电线路的档案资料存放在一个档案柜内，在档案架上按照分类类目号依次排列，不得与其他线路工程资料混装。 档案资料归档后，建立电子台账。制定档案资料管理制度，确定管理责任人		
	2	接收备品备件			
	2.1	备件备品移交	工程竣工后施工单位应将剩余材料移交给运行单位作为线路工程备品备件		
	2.2	备件备品管理	备品备件依据《国家电网公司备品备件管理规定》进行管理，保障日常运维检修工作的开展。 接收后的备品备件应存放在专门的备品备件仓库，各种金具材料在柜上码放整齐，每个金具柜张贴标签。 标签上写明对应金具的类别、名称及型号，便于运维检修时取用。 制作备品备件台账，建立备品备件领用制度		

续表

√	序号	作业项目	验收内容和标准	验收评价	责任人签字
	3	建立 PMS 系统基础数据			
	3.1	新投线路	所属班组在投运前7天完成线路信息的维护及审核工作，在投运当天完成发布及调度确认，并在投运后 3 天内完成线路设备的初始化工作		
	3.2	新投具备调度铭牌的设备	设备主人需提前完成调度铭牌申请，在设备维护时选择已批复的调度铭牌，实现设备和调度铭牌、设备图形的关联		
	3.3	新投线路设备	在维护图形时同步创建设备台账，设备主人在设备投运后3天内完成设备详细参数维护		
	3.4	新投产辅助设施	设备主人在设备投运后10天内完成维护、审核工作		
	4	编制线路通道状态图			
	4.1	线路通道状态图整体	整体上涵盖线路路径，交叉跨越情况，以及自然气象、鸟害、污区等特殊区域划分，巡视路线图		
	4.2	线路通道图细化	建设概要、运行记事、故障记录、线路变革、导地线分布图，导线接点、接点测温记录等详细信息；每一基杆塔都有详细的塔位坐标、塔型、金具组装、地线及光缆明细，接地电阻测量记录等塔位明细		
	5	编写竣工验收方案			
	5.1	总则	说明验收方案编制的目的和意义		
	5.2	编制依据	列出验收方案编制所依据的国家、行业及企业标准		
	5.3	线路概况	建设概况：起始发电厂（变电站），终止变电站，线路长度，杆塔基数，沿线地形基本情况、建设日期及计划投运日期。 杆塔：列出工程使用的全部杆塔型号、杆塔总数、直线塔及耐张塔基数，制作杆塔型号一览表。 导线和架空地线：导线及架空地线的型号及设计参数。 绝缘子：列出工程不同区段的绝缘配置情况及所使用的绝缘子型号、设计参数。 金具：列出导线悬垂串金具、导线耐张串金具、地线悬垂串金具、地线耐张串金具中各部件的型号，并附上金具组装图；导、地线防振锤的型号及不同地形条件下的安装数量表；间隔棒的型号及配置表。 接地装置：接地装置的型号及布置形式。 导线换位：绘制线路导线相序图		
	5.4	验收组织机构	列出验收期间组织机构，包括领导小组及工作小组，并写明各个小组工作职责		

√	序号	作业项目	验收内容和标准	验收评价	责任人签字
	5.5	验收日程安排	将验收任务合理分配，列出表格详细安排各个验收组每天的工作安排、乘坐车辆、负责人的联系方式、天气情况及注意事项。 验收期间建立验收群，汇报每日验收进度及验收存在问题，推进验收工作		
	5.6	验收内容及标准卡	依据的国家、行业及企业标准制定验收内容及标准卡，确保现场验收人员凭借验收标准卡就能掌握需要验收的项目及标准。 验收内容主要包含交叉跨越测量、土石方工程、杆塔工程、架线工程、附件安装、跳线、光纤复合架空地线及接地工程等8个部分		
	5.7	验收安全措施	分析特高压输电线路项目验收过程中存在的危险因素，并制定相应预控措施。 在竣工验收之前召开安全技术措施交底会，确保全体作业人员都能够掌握。 包括：防高空坠落措施、防感应电措施、行车安全措施、防寒保暖措施、其他安全注意事项等		
	5.8	验收组织措施	为保证竣工验收工作高效开展，需制定验收组织措施。提出验收工作要求，制定验收缺陷、影像资料整理规范，明确验收责任，确保文明施工。 包括：验收要求、信息处理、责任要求、文明验收要求等		
	5.9	工器具及资料	根据验收工作安排，整理验收所需的工器具及资料，在验收工作开始前完成工器具及资料准备，确保各验收小组工作顺利展开		

三、地面组验收作业指导卡

地面组验收详细作业指导卡如附表7所示。

附表7　　　　　　　　　地面组验收作业指导卡

√	序号	作业项目	验收内容和标准	验收评价	责任人签字
	1	安全监护			
	1.1	人员安全	对走线人员进行监护，监督走线验收安全		
	2	质量监督			
	2.1	混凝土养护及表面	表面平整密实，无下沉、开裂，无露筋、蜂窝等缺陷；其中，预力钢筋混凝土构件不得有纵向及横向裂缝且表面平整，不得有明显缺陷		

√	序号	作业项目	验收内容和标准	验收评价	责任人签字
	2.2	地脚螺栓与配筋规格	满足设计要求，制作工艺良好		
	2.3	立柱与断面规格	立柱高度、立柱断面尺寸、承台断面尺寸，梁断面尺寸均满足设计要求，允许偏差为－1%		
		立柱倾斜	允许偏差为1%		
		承台高度	满足设计要求		
		保护层厚度	满足设计要求，允许偏差为－5mm		
		地脚螺栓偏移	同组地脚螺栓中心对立柱中心偏移：允许偏差为不大于10mm		
		地脚螺栓露出基础顶面高度	误差不大于＋10mm，－50mm		
		基础顶面间高差	允许偏差为不大于10mm		
		基础根开及对角线尺寸	允许偏差±2‰，高塔±0.7‰		
		基础埋深	允许偏差为＋100mm、－50mm，坑底应平整		
		整基基础中心与中心桩间的位移	允许偏差：顺线路≤30mm，横线路≤30mm		
		整基基础扭转	允许偏差：一般≤10′，高塔≤5′		
		回填土	防沉层上部不小于坑口，高度300~500mm，无沉陷，整齐美观		
		基础护坡、挡土墙及排水沟	防护措施完好，排水沟完整、合理、畅顺		
	3	影视巡视			
	3.1	标准化巡视顺序流程	（1）交流单回路直线塔：杆号牌→全塔、塔头→基础→大、小号侧通道→左地线（光缆）挂点、防振锤等金具→左线上、下挂点、绝缘子整体→中线Ｖ串左、下、右挂点、附属设施等→右线上、下挂点、绝缘子整体→右光缆（地线）挂点、防振锤等金具。 （2）交流单回路耐张塔：杆号牌→全塔、塔头→基础→大、小号侧通道→小号侧左线横担端、导线端挂点→小号侧中线横担端、导线端挂点→小号侧右线横担端、导线端挂点→左地线（光缆）挂点、防振锤→左线、中线跳线串上下挂点→大号侧左线横担端、导线端挂点→大号侧中线横担端、导线端挂点→大号侧右线横担端、导线端挂点→右地线（光缆）挂点、防振锤→右线跳线串上下挂点。 （3）交流双回路直线塔：杆号牌→全塔、塔头→基础→大、小号侧通道→左地线（光缆）挂点、防振锤等金具→左回上中下三线上、下挂点→附属设施等→右回拍照。		

√	序号	作业项目	验收内容和标准	验收评价	责任人签字
	3.1	标准化巡视顺序流程	（4）交流双回路耐张塔：杆号牌→全塔、塔头→基础→大、小号侧通道→左回小号侧下→中、上横担端挂点→拍左回小号侧下、中、上导线端挂点，拍左侧地线小号侧（光缆）挂点→左侧地线（光缆）大、小号侧防振锤→左回上、中、下跳串上下挂点→左回大号侧下、中、上横担端挂点→左回大号侧下、中、上导线端挂点→拍附属设施等→右回拍照。 （5）交流双回路换位塔：杆号牌→全塔、塔头→基础→大、小号侧通道→小号侧下、中、上横担端挂点→小号侧下、中、上导线端挂点、左侧地线（光缆）小号侧挂点→右光缆大、小号侧防振锤→左侧上下、大小号侧跳串上下挂点→拍大号侧横担端挂点→拍大号侧导线端挂点→右侧上下、大小号侧跳串导线、横担端挂点→右侧塔地线大、小号侧挂点→附属设施等→右回拍照。 （6）直流单回路直线塔：杆号牌→全塔、塔头→基础→大、小号侧通道→左侧地线（光缆）大、小号侧防振锤→极Ⅰ、极Ⅱ上挂点→右侧地线（光缆）大、小号侧防振锤→极Ⅰ、极Ⅱ下挂点→附属设施等。 （7）直流单回路耐张塔：杆号牌→全塔、塔头→基础→大、小号侧通道→小号侧极Ⅰ横担端、导线端挂点→极Ⅰ跳线串上、下挂点→左侧地线（光缆）大、小号侧防振锤→大号侧极Ⅰ横担端、导线端挂点→附属设施等		
	3.2	巡视照片查看	杆号牌：杆号牌、相位牌、警示牌损坏、丢失，线路名称、杆塔号、字迹不清等。 基础：基础回填土是否下降；接地装置严重锈蚀，埋入地下部分外露、丢失。 塔头、全塔：查看塔上有无异物悬挂，问题鸟巢，塔材缺失、变形、螺栓松动及缺失、杆塔倾斜、横担歪扭及部件锈蚀、变形；玻璃绝缘子是否自爆、积污严重；有无复合绝缘子积污严重、鸟啄现象、挂霜和雪松、绝缘子串严重偏斜、绝缘子闪络痕迹和局部火花放电现象；耐张引流线有无缠绕、扭绞、间隔棒掉爪、支撑臂及防磨附件损坏等；导线锈蚀、断股、损伤或闪络烧伤；导线是否覆冰；导线弧垂度变化，相分裂导线间距的变化；相分裂导线的鞭击、扭绞；导线的上扬、振动、舞动、脱冰跳跃情况；跳线与杆塔空气间隙的变化；导线对地，对交叉跨越设施及其他物体距离的变化；是否有覆冰情况；对地，对交叉跨越设施及其他物体距离的变化；避雷线锈蚀、断股、损伤或闪络烧伤；避雷线在线夹内滑动；光缆的上扬、振动、舞动、脱冰跳跃情况；避雷线弧垂度变化，相分裂导线间距的变化。 大、小号通道：线路附近修建道路、铁路等；线路附近出现的高大机械及可移动的设施；防护区内架设或敷设架空电力线路、架空通信线路、架空索道、各种管道和电缆；防护区内的建筑物，可燃、易爆物品；防护区内进行的土方挖掘、建筑工程和施工爆破；其他不正常现象，如江河泛滥、山洪、杆塔被淹、森林起火等。 附属设施：在线监测等附件是否损坏、丢失。		

√	序号	作业项目	验收内容和标准	验收评价	责任人签字
	3.2	巡视照片查看	挂点照片：查看销针、螺母数量是否与金具组装图一致；查看金具本身有无损坏、锈蚀，接触部位有无磨损现象，销针、螺帽有无缺失、脱出；导、地线耐张压接管、直线接续有无抽头现象；引流板螺栓有无松动、缺失现象；导、地线挂点部位有无与金具磨损问题。 防舞金具照片（间隔棒）：检查间隔棒有无损坏、松动位移、胶皮缺失、掉爪、穿钉销针缺失或脱出现象。 注：查看巡视照片时，配合相应《××线路状态图》在手机、电脑上直接查找设计图纸，了解各位置金具使用情况、螺栓和销针的数量，遇到不认识的金具可以查找对应标准命名。 重点查看金具连接处有无磨损、裂纹、变形等，销针、螺母有无缺失，线夹附件导、地线有无磨损、断股、抽头、脱出等问题		
	3.3	巡视资料整理	巡视照片按照文件夹分类整理，且文件名名称规范、标准； 巡视、验收严格执行日汇报制度		
	4	配合走线组			
	4.1	配合走线组验收工作	对走线人员发现问题的标记处进行拍照，采集导地线挂点、导地线防振锤、导线间隔棒、整串绝缘子照片； 负责全线通道情况检查，采集线路通道内的其他线路、房屋、道路和树木照片		

四、登塔组验收作业指导卡

登塔组验收详细作业指导卡如附表 8 所示。

附表 8　　　　　　　　　登塔组验收作业指导卡

√	序号	作业项目	验收内容和标准	验收评价	责任人签字
	1	登塔检查			
	1.1	杆塔外观	表面应清洁，无锈蚀、凹凸等，杆塔应平直，无弯曲、裂纹、倾斜； 技改扩建工程新杆塔应与原杆塔方向一致		
	1.2	钢横梁外观	构件应平直，无明显弯曲		
	1.3	杆塔基础	垫铁、地脚螺栓位置正确，底面与基础面紧贴，平稳牢固；底部无积水； 杆塔基础宜用浇筑保护帽，基础无沉降、开裂		
	1.4	焊接检查	焊缝完好、饱满,焊缝不允许有任何裂纹、未焊透、表面气孔或存有焊渣等现象		

续表

√	序号	作业项目	验收内容和标准	验收评价	责任人签字
	1.5	防腐涂层	杆塔防腐涂层完好，涂层颜色一致，无漏涂、流坠，外形美观，无裂纹、倾斜		
	2	引流线测量			
	2.1	检查地线及光缆接地	检查地线、光缆是否安装了引流线		
	2.2	检查引流线放电间隙	引流线应呈近似悬链线状自然下垂，实测每相对杆塔及拉线等地电位的最小电气间隙 S，并且间隙误差满足设计施工要求		
	3	杆塔螺栓扭矩			
	3.1	检查杆塔螺栓安装情况	螺栓应与构件平面垂直，螺栓头与构件间的接触处不应有间隙；螺杆必须加垫圈，每端不超过两个；螺母拧紧后，单双螺母，螺杆应露出 2 个及以上螺距，双螺母至少与螺杆平；螺栓的防卸、防松应符合设计要求		
	3.2	检查螺栓穿向	螺栓穿向符合规定。立体结构：水平方向由内向外，垂直方向由下向上，斜向者由斜下向斜上穿，不便时应在同一斜面内取统一方向		
	3.3	检查螺栓紧固情况	塔身螺栓紧固，无松动或打滑		
	3.4	检查防盗螺栓的安装情况	检查防盗螺栓是否按设计要求安装；防盗螺栓均带双帽（内侧为紧固螺帽，外侧为防盗螺帽），安装高度自杆塔最短腿高度 8m 范围以内全部使用防盗螺栓（包括脚钉）		

五、走线组验收作业指导卡

走线组验收详细作业指导卡如附表 9 所示。

附表 9　　　　　　　　通道组验收作业指导卡

√	序号	作业项目	验收内容和标准	验收评价	责任人签字
	1	导地线、绝缘子、金具检查			
	1.1	检查绝缘子串型号、尺寸规格及组装方式	绝缘子串型号、尺寸规格及组装方式（片数、串数）符合设计要求		
	1.2	检查绝缘子外观	瓷或玻璃绝缘子无破裂、脏污；浇装水泥无裂纹、气泡，钢脚无松动、偏斜；合成绝缘子芯棒、端部连接无变形或无裂纹，伞裙、护套等部位硅橡胶颜色无异常、无裂纹、无破损		
	1.3	检查锁销	弹簧销、开口销齐全、完整，材料为铜质或不锈钢		

续表

√	序号	作业项目	验收内容和标准	验收评价	责任人签字
	1.4	检查金具	金具连接正确、无缺件少件、镀锌良好无锈蚀，且连接结构灵活		
	1.5	检查绝缘子串及各种金具穿向	绝缘子串及各种金具穿向统一、符合要求。 （1）悬垂串上的弹簧销子按线路前进方向穿入（使用W销时，绝缘子大口朝后；使用R销时，绝缘子大口朝前）；螺栓及穿钉顺线路方向穿入，特殊情况两边线由内向外，中线由左向右。 （2）耐张串上的弹簧销及穿钉由上向下穿（使用W销时，绝缘子大口朝上，使用R销时，绝缘子大口朝下），螺栓及穿钉两边线由内向外，中线由左向右		
	1.6	检查悬垂串偏移	悬垂串应垂直地面，个别情况顺线路方向与铅垂位置的位移不应超过5°，且最大偏移值不应超过200mm		
	1.7	检查是否合理使用双绝缘子串	跨越铁路、高速公路或高等级公路、110kV及以上电压等级线路、通航河道以及人口密集地区等，绝缘子串应为双串独立双挂点；相邻两杆塔高差大于100m或档距大于700m的耐张、直线杆塔使用合成绝缘子时必须为双串连接；三回及以上垂直排列方式的绝缘子均采用双挂点双悬垂串型式		
	1.8	检查导地线外观	导地线无损伤断股、无金钩、无打扭变形、无悬挂异物		
	1.9	检查导地线弛度	导地线弛度符合要求： （1）弧垂允许偏差。220kV及以上为+3%、-2.5%；跨越通航河流的大跨越档偏差不大于±1%，且正偏差不超过1m。 （2）在满足弧垂允许偏差时，相间弧垂最大允许偏差220kV及以上不超过300mm； （3）导地线弧垂重点抽测大档距（档距700m及以上）、重要交叉跨越档；目测有怀疑或无法把握到位，要求仪器测量校核		
	1.10	检查耐张线夹、悬垂线夹安装情况	耐张线夹、悬垂线夹安装正确、牢靠，部件齐全；液压管（耐张管、接续管、补修管等）无飞边、毛刺且应平直，有明显弯曲时应校直，管体无穿孔、裂缝，管口外线材无明显烧伤、断股；引流板、并沟线夹螺栓应紧固，并使用弹簧垫片且应压平；引流板面间接触紧密、无间隙		
	1.11	检查导线相间距离	导线遇垂直排列转水平排列情况时，应认真检查导线相间距离，操作过电压最小间隙档距中不得小于2.1m，塔头不得小于2.4m		
	1.12	检查重要跨越导地线接头情况	导地线跨越铁路、高速公路或一级公路、110kV及以上电压等级线路、通航河道以及人口密集地区等，应做到无接头		
	1.13	检查导地线补修、接续	导、地线损伤补修、接续符合规定和相关工艺要求。在一个档距内，一根导线或避雷线只允许有一个接续管和三个补修管，张力放线时不应超过两个补修管。在补修管之间、补		

√	序号	作业项目	验收内容和标准	验收评价	责任人签字
	1.13	检查导地线补修、接续	修管与接续管之间、接续管（或补修管）与耐张线夹之间的距离不应小于 15m，接续管或补修管与悬垂线夹中心的距离不应小于 5m		
	1.14	检查线夹	检查铝质绞线与金具线夹是否夹紧，安装处是否缠绕铝包带；铝包带的缠绕方向是否与外层铝股的绞制方向一致，铝包带露出线口长度不应超过 10mm，且其端头应回夹于线夹内并压紧；预绞丝每条的中心与线夹中心是否重合，对导线的包裹是否紧固，检查预绞丝护线条的根数		
	1.15	检查防振锤及阻尼线	防振锤或阻尼线安装的数量和位置符合设计要求，并与地面垂直，其安装距离偏差不大于±30mm；防振锤无锈蚀，安装牢固，螺栓处装有弹簧垫片		
	1.16	检查地线及光缆接地	检查地线、光缆是否按设计要求接地，是否安装了引流线		
	1.17	检查光缆引下线	光缆引下线夹具的安装应保证光缆顺直、圆滑，不得有硬弯、折角。检查光缆引下线卡具安装是否牢固，引下线是否与塔身互磨，接线盒、余缆架安装是否牢固		
	2	次档距检查			
	2.1	检查地线及光缆接地	检查次档距是否合格、用绳测方法测量线路下方交叉跨越距离等，对发现问题进行红布条标记		
	3	导、地线接续管理台账建立			
	3.1	建立台账	建立台账。制定档案资料管理制度，确定管理责任人		

六、通道组验收作业指导卡

通道组验收详细作业指导卡如附表 10 所示。

附表 10　　　　　　　　　　通道组验收作业指导卡

√	序号	作业项目	验收内容和标准	验收评价	责任人签字
	1	通道环境检查			
	1.1	建（构）筑物	导线下及保护内建（构）筑物等应签发二次《安全隐患告知书》。有无违章建筑，建（构）筑物等。建（构）筑物导线安全距离不足等		
	1.2	树木（竹）	树木（竹）与导线是否安全距离不足等。线下及保护区内新种植的高杆树木。线路保护区外的超高树木		
	1.3	防外破	线路下方或附近是否有危及线路安全的施工作业及有施工迹象或长期闲置的圈地等，应有明显的警示牌或警示标语及现场防护措施。对已知外破点应有《电力设施保护通知书》及《安全隐患告知书》，对现场大型施工机械司机应进行输电线路防机械碰线宣传、粘贴安全警示帖		

√	序号	作业项目	验收内容和标准	验收评价	责任人签字
	1.4	火灾	杆塔及线路附近是否有烟火现象，是否有易燃、易爆物堆积等（如煤堆、灰场等易漂浮、扬尘的物品）		
	1.5	防洪、排水、基础保护设施	无坍塌、淤堵、破损等		
	1.6	自然灾害	地震、洪水、泥石流、山体滑坡等引起通道环境的变化		
	1.7	道路、桥梁	巡线道（山区）、桥梁损坏等		
	1.8	污染源	出现新的污染源或污染加重等（如煤堆、灰场、化学品等）		
	1.9	采动影响区	出现裂缝、坍塌等情况		
	1.10	其他	线路附近有人放风筝、有危及线路安全的漂浮物、线路跨越鱼塘无警示牌、采石（开矿）、射击打靶、藤蔓类植物攀附杆塔等		
	2	交叉跨越检查			
	2.1	交叉跨越	测量道路、铁路、索道、管道、电力线、通信线等是否满足《运规》规范要求的交跨距离		

七、测量组验收作业指导卡

测量组验收详细作业指导卡如附表 11 所示。

附表 11　　　　　　　　　　测量组验收作业指导卡

√	序号	作业项目	验收内容和标准	验收评价	责任人签字
	1	接地电阻			
	1.1	检查接地电阻	测量杆塔接地电阻是否符合设计要求		
	2	导、地线弧垂			
	2.1	检查导、地线弧垂	测量导、地线弧垂是否符合设计要求。 紧线工程紧线弧垂在挂线后应随即在该观测档检查，其弧垂允许偏差应符合下列规定： 一般情况下允许偏差不应超过±2%； 跨越通航河流的大跨越档弧垂允许偏差不应大于±1%，其正偏差不应超过 1m； 导线或架空地线各极间的弧垂应力求一致，各极间弧垂的线对偏差最大值不应超过下列规定： 一般情况下极间弧垂允许偏差为 300mm； 大跨越档的极间弧垂最大允许偏差为 500mm； 同极分裂导线的子导线的弧垂应力求一致，其子导线的弧垂允许偏差为 50mm		

√	序号	作业项目	验收内容和标准	验收评价	责任人签字
	3	杆塔倾斜度			
	3.1	架设仪器	（1）经纬仪安置在线路中线和通过塔位中心桩的线路垂线方向上（转角塔仪器安置在线路转角二等分线和二等分线的垂线上），也可以在杆塔的正面及侧面透视前后主材、斜材，如线重合时，在此方向上估略确定安置仪器的位置； （2）仪器距塔的距离约为 60～70m		
	3.2	观测操作	a、b、c 分别为正面横担、平口、接腿的中点，分别为横担、平口、接腿断面的中心点。如果杆塔结构无倾斜现象时，仪器在塔的四侧观测 a、b、c 时，各应在一条竖直线上。根据不同的杆塔结构，测量方法有两种，具体如下： 当杆塔接腿、平口有水平交叉斜材时： 仪器安置在线路中线上，望远镜瞄准横担中点 a，固定上下盘，然后俯视接腿 c 点，如视线不与 c 点重合，而落于 c1 点上，量出 c～c1 间的倾斜值，即杆塔正面的倾斜值。再将仪器移到杆塔的侧面（通过塔位中心桩与线路中线的垂线上）望远镜瞄准横担中心点，固定上下盘，然后俯视接腿点，如视线不与点重合，而偏于 c2，量出与 c2 间的距离，就是杆塔向 AD 侧的倾斜值。整基杆塔结构倾斜度按下式计算： $$杆塔倾斜度=\frac{\sqrt{\Delta x^2+\Delta y^2}}{h} \qquad (1)$$ 其中，h 为自横担中心至接腿中心的垂直距离。 当杆塔结构在平口、接腿处没有水平交叉斜材时： 此情况下，杆塔中点是不易找到的，应分别测出杆塔四侧的倾斜值，以平均值法计算出整基杆塔结构倾斜值。仪器分别安置在杆塔正面前后位置上，望远镜瞄准横担中点 a，然后俯视接腿水平铁中心 c，如视线不与 c 点重合而偏于 c1、c2，量出其偏差值 d_1、d_2；再将仪器移到杆塔的两侧，依同法测出其侧面偏差值 d_3、d_4。依下列各式计算正、侧面及整杆塔结构的倾斜值： $$正面倾斜值 \quad \Delta x=\frac{1}{2}(d_1-d_2) \qquad (2)$$ $$侧面倾斜值 \quad \Delta y=\frac{1}{2}(d_3-d_4) \qquad (3)$$ 当偏差值在接腿中点同侧时，结构倾斜值应线加除以 2。整基杆塔结构倾斜值按式（1）计算		
	3.3	现场核算	对所观测的进行复测核对，核对无误后方可计算结果，记录在案		
	3.4	作业结束	工作负责人清点工具和检查作业现场，无误后宣布作业结束		
	4	基础混凝土强度			
	4.1	检查基础混凝土强度	使用回弹仪测量基础混凝土强度是否符合设计要求		
	5	杆塔螺栓紧固度			

√	序号	作业项目	验收内容和标准	验收评价	责任人签字
	5.1	组装	将扳手与要测量的螺栓相适应的套筒正确连接		
	5.2	测量	根据工件所需扭矩值要求，确定预设扭矩值；预设扭矩值时，将扳手手柄上的锁定环下拉，同时转动手柄，调节标尺主刻度线和微分刻度线数值至所需扭矩值。调节好后，松开锁定环，手柄自动锁定。 在扳手上方榫上装上相应规格套筒，并套住紧固件，再在手柄上缓慢用力。施加外力时必须按标明的箭头方向。当拧紧到发出信号"卡嗒"的一声（已达到预设扭矩值），停止加力，一次作业完毕。 大规格扭矩扳手使用时，可外加接长套杆以便操作省力；如长期不用，调节标尺刻线退至扭矩最小数值处		
	5.3	现场核算	对所观测的进行复测核对，核对无误后与标准扭矩表比照，记录在案		
	5.4	作业结束	工作负责人清点工具和检查作业现场，无误后宣布作业结束		
	6	交叉跨越距离			
	6.1	测量跨距	（1）在测量交叉跨越距离的同时，利用三角测距法测出交叉跨越点至跨越档就近塔位的水平距离 l_1。 （2）测出跨越档的导线弧垂 f。 （3）根据《1000kV 输电线路运行维护规程》规定的跨越物的限距最高温度，按下式计算交叉跨越处的弧垂增量 $$\Delta f' = \left[\sqrt{f^2 + \frac{3l^4}{8l_{db}}(t_m - t)\alpha} - f \right] \times \frac{4l_1}{l}\left(1 - \frac{l_1}{l}\right)$$ 式中： $\Delta f'$——计算交叉跨越处的弧垂增量，m； f——交叉跨越档导线在测量时的弛度，m； l——交叉跨越档档距，m； l_{db}——该耐张段导线的规律档距，m； t_m——最高温度，℃； t——观测时温度，℃； α——导线的膨胀系数。 （4）按公式 $H_{min} = H - \Delta f'$，计算最小交叉跨越距离 H_{min}，核对是否符合规程要求		
	6.2	现场核算	对所观测的数据进行复测核对，核对无误后方可计算结果，记录在案		
	6.3	作业结束	工作负责人清点工具和检查作业现场，无误后宣布作业结束		

八、无人机组验收作业指导卡

无人机组验收详细作业指导卡如附表 12 所示。

附表 12 无人机组验收作业指导卡

√	序号	作业项目	验收内容和标准	验收评价	责任人签字
	1	影像巡视			
	1.1	标准化巡视顺序流程	（1）交流单回路直线塔：杆号牌→全塔、塔头→基础→大、小号侧通道→左地线（光缆）挂点、防振锤等金具→左线上、下挂点、绝缘子整体→中线Ｖ串左、下、右挂点、附属设施等→右线上、下挂点、绝缘子整体→右光缆（地线）挂点、防振锤等金具。 （2）交流单回路耐张塔：杆号牌→全塔、塔头→基础→大、小号侧通道→小号侧左线横担端、导线端挂点→小号侧中线横担端、导线端挂点→小号侧右线横担端、导线端挂点→左地线（光缆）挂点、防振锤→左线、中线跳线串上下挂点→大号侧左线横担端、导线端挂点→大号侧中线横担端、导线端挂点→大号侧右线横担端、导线端挂点→右地线（光缆）挂点、防振锤→右线跳线串上下挂点。 （3）交流双回路直线塔：杆号牌→全塔、塔头→基础→大、小号侧通道→左地线（光缆）挂点、防振锤等金具→左线上中下三线上、下挂点→附属设施等→右回拍照。 （4）交流双回路耐张塔：杆号牌→全塔、塔头→基础→大、小号侧通道→左回小号侧下→中、上横担端挂点→拍左回小号侧下、中、上导线端挂点，拍左侧地线小号侧（光缆）挂点→左侧地线（光缆）大、小号侧防振锤→左回上、中、下跳串上下挂点→左回大号侧下、中、上横担端挂点→左回大号侧下、中、上导线端挂点→拍附属设施等→右回拍照。 （5）交流双回路换位塔：杆号牌→全塔、塔头→基础→大、小号侧通道→小号侧下、中、上横担端挂点→小号侧下、中、上导线端挂点、左侧地线（光缆）小号侧挂点→右光缆大、小号侧防振锤→左侧上下、大小号侧跳串上下挂点→拍大号侧横担端挂点→拍大号侧导线端挂点→右侧上下、大小号侧跳串导线、横担端挂点→右侧塔地线大、小号侧挂点→附属设施等→右回拍照。 （6）直流单回路直线塔：杆号牌→全塔、塔头→基础→大、小号侧通道→左侧地线（光缆）大、小号侧防振锤→极Ⅰ、极Ⅱ上挂点→右侧地线（光缆）大、小号侧防振锤→极Ⅰ、极Ⅱ下挂点→附属设施等。 （7）直流单回路耐张塔：杆号牌→全塔、塔头→基础→大、小号侧通道→小号侧极Ⅰ横担端、导线端挂点→极Ⅰ跳线串上、下挂点→左侧地线（光缆）大、小号侧防振锤→大号侧极Ⅰ横担端、导线端挂点→附属设施等		
	1.2	巡视照片查看	杆号牌：杆号牌、相位牌、警示牌损坏、丢失、线路名称、杆塔号、字迹不清等。 基础：基础回填土是否下降；接地装置严重锈蚀，埋入地下部分外露、丢失。 塔头、全塔：查看塔上有无异物悬挂、问题鸟巢，塔材缺失、变形，螺栓松动及缺失、杆塔倾斜、横担歪扭及部件锈蚀、变形；玻璃绝缘子是否自爆、积污严重；有无复合绝缘子积污严重、鸟啄现象、挂霜和雪松、绝缘子串严重偏斜、绝缘子闪络痕迹和局部火花放电现象；耐张引流线有无缠绕、扭绞、间隔棒掉爪、支撑臂及防磨附件损坏等；导线锈蚀、断股、损伤或闪络烧伤；导线是否覆冰；导线弧度变化、相分裂导线间距的变化；相分裂导线的鞭		

√	序号	作业项目	验收内容和标准	验收评价	责任人签字
	1.2	巡视照片查看	击、扭绞；导线的上扬、振动、舞动、脱冰跳跃情况；跳线与杆塔空气间隙的变化；导线对地，对交叉跨越设施及对其他物体距离的变化；是否有覆冰情况；对地，对交叉跨越设施及对其他物体距离的变化；避雷线锈蚀、断股、损伤或闪络烧伤；避雷线在线夹内滑动；光缆的上扬、振动、舞动、脱冰跳跃情况；避雷线弛度变化，相分裂导线间距的变化。 　　大、小号侧通道：线路附近修建道路、铁路等；线路附近出现的高大机械及可移动的设施；防护区内架设或敷设架空电力线路、架空通信线路、架空索道、各种管道和电缆；防护区内的建筑物，可燃、易爆物品；防护区内进行的土方挖掘、建筑工程和施工爆破；其他不正常现象，如江河泛滥、山洪、杆塔被淹、森林起火等。 　　附属设施：在线监测等附件是否损坏、丢失。 　　挂点照片：查看销针、螺母数量是否与金具组装图一致；查看金具本身有无损坏、锈蚀，接触部位有无磨损现象，销针、螺帽有无缺失、脱出；导、地线耐张压接管、直线接续有无抽头现象；引流板螺栓有无松动、缺失现象；导、地线挂点部位有无与金具磨损问题。 　　防舞金具照片（间隔棒）：检查间隔棒有无损坏、松动位移、胶皮缺失、掉爪、穿钉销针缺失或脱出现象。 　　注：查看巡视照片时，配合相应《××线路状态图》在手机、电脑上直接查找设计图纸，了解各位置金具使用情况、螺栓和销针的数量，遇到不认识的金具可以查找对应标准命名。 　　重点查看金具连接处有无磨损、裂纹、变形等，销针、螺母有无缺失，线夹附件导、地线有无磨损、断股、抽头、脱出等问题		
	1.3	巡视资料整理	巡视照片按照文件夹分类整理，且文件名名称规范、标准； 巡视、验收严格执行日汇报制度		
	2	缺陷照片采集			
	2.1	采集方法	由于线路差异化设计同一输电线路不同区段金具组成存在差异，因此各相应线路需结合设备实际金具组装设计图进行缺陷照片采集		
	3	安全监护			
	3.1	安全监护	对现场走线、登塔人员进行视频安全监护，及时发现并制止塔上作业人员违章行为		
	4	消缺现场管控			
	4.1	消缺现场管控	使用无人机拍摄缺陷部位消缺前后照片，视频监控缺陷消除过程，保证消缺工艺和质量符合要求		

九、复核组验收作业指导卡

复核组验收详细作业指导卡如附表 13 所示。

附表 13　　　　　　　　复核组验收作业指导卡

√	序号	作业项目	验收内容和标准	验收评价	责任人签字
	1	设备照片复核			
	1.1	设备照片复核	对地面组、无人机组拍摄的设备影像资料进行逐张复核，检查因验收人员知识盲区导致的遗漏		
	2	测量数据复核			
	2.1	数据复核	对测量组记录的测量数据重新计算，保证结果准确性		